高职高专土建类专业"十三五"规划教材

GAOZHIGAOZHUAN TUJIANLEI ZHUANYE SHISANWU GUIHUAJIAOCAI

建筑信息模型（BIM）
Revit Architecture 2016操作教程

JIANZHU XINXI MOXING

编著　刘孟良

U0332029

BIM工程师的摇篮

2015年中国建设教育协会教育教学科研课题

《BIM工学结合的模块化实训方案研究》（课题号：2015089）

中南大学出版社
www.csupress.com.cn

内容简介

本书是以"建筑工程学院建工实训基地楼"这一实际工程项目为载体的任务驱动式教材。

全书分为 12 个学习单元。学习单元 1、学习单元 2 分别介绍建筑 Revit Architecture 软件的认识以及视图显示控制与基本操作。学习单元 3 ~ 10 遵循"由整体到局部"的原则,从整体出发,逐步细化,以任务驱动方式组织相关内容,分别为:创建和编辑标高和轴网;创建墙;创建柱、梁、板;创建门窗;创建扶手、楼梯与洞口;创建台阶、坡道和散水;创建建筑构件;创建场地及场地构件。学习单元 11 介绍建筑 Revit Architecture 软件模型的透视效果知识,即建筑的渲染与漫游;学习单元 12 介绍如何在 Revit Architecture 中创建建筑施工图。

本书可作高校、职业技术院校建筑和土木类等专业的初、中级培训教程,也可供广大从事 BIM 工作的工程技术人员的参考。

本书所用案例"建筑工程学院实训基地楼"全套施工图纸,可登录世界大学城网站查阅或下载,网址:http://www.worlduc.com/blog2012.aspx? bid = 49261425。课程相关教学资源可以登录世界大学城 http://www.worlduc.com/SpaceShow/Blog/List.aspx? sid = 12128582&uid = 337956 下载。

高职高专土建类专业“十三五”规划教材编审委员会

主　任

王运政　胡六星　郑　伟　玉小冰　刘孟良　陈安生
李建华　谢建波　彭　浪　赵　慧　赵顺林　向　曙

副主任

（以姓氏笔画为序）

王超洋　卢　滔　刘文利　刘可定　刘庆潭　孙发礼
杨晓珍　李　娟　李玲萍　李清奇　李精润　欧阳和平
项　林　胡云珍　黄　涛　黄金波　龚建红　颜　昕

委　员

（以姓氏笔画为序）

于华清　万小华　邓　慧　龙卫国　叶　姝　包　蜃
邝佳奇　朱再英　伍扬波　庄　运　刘小聪　刘天林
刘汉章　刘旭灵　许　博　阮晓玲　孙光远　孙湘晖
李为华　李　龙　李　冰　李　奇　李　侃　李　鲤
李亚贵　李进军　李丽田　李丽君　李海霞　李鸿雁
肖飞剑　肖恒升　何　珊　何立志　佘　勇　宋士法
宋国芳　张小军　张丽姝　陈　晖　陈贤清　陈　翔
陈淳慧　陈婷梅　易红霞　金红丽　周　伟　赵亚敏
徐龙辉　徐运明　徐猛勇　卿利军　高建平　唐　文
唐茂华　黄郎宁　黄桂芳　曹世晖　常爱萍　梁鸿颉
彭　飞　彭子茂　彭秀兰　蒋　荣　蒋买勇　曾维湘
曾福林　熊宇璟　樊淳华　魏丽梅　魏秀瑛　瞿　峰

出版说明 INSTRUCTIONS

　　遵照《国务院关于加快发展现代职业教育的决定》〔国发（2014）19号〕提出的"服务经济社会发展和人的全面发展，推动专业设置与产业需求对接，课程内容与职业标准对接，教学过程与生产过程对接，毕业证书与职业资格证书对接"的基本原则，为全面推进高等职业院校土建类专业教育教学改革，促进高端技术技能型人才的培养，依据国家高职高专教育土建类专业教学指导委员会高等职业教育土建类专业教学基本要求，通过充分的调研，在总结吸收国内优秀高职高专教材建设经验的基础上，我们组织编写和出版了这套高职高专土建类专业"十三五"规划教材。

　　高职高专教学改革不断深入，土建行业工程技术日新月异，相应国家标准、规范，行业、企业标准、规范不断更新，作为课程内容载体的教材也必然要顺应教学改革和新形式的变化，适应行业的发展变化。教材建设应该按照最新的职业教育教学改革理念构建教材体系，探索新的编写思路，编写出版一套全新的、高等职业院校普遍认同的、能引导土建专业教学改革的"十三五"规划系列教材。为此，我们成立了规划教材编审委员会。教材编审委员会由全国30多所高职院校的权威教授、专家、院长、教学负责人、专业带头人及企业专家组成。编审委员会通过推荐、遴选，聘请了一批学术水平高、教学经验丰富、工程实践能力强的骨干教师及企业专家组成编写队伍。

　　本套教材具有以下特色：

　　1. 教材依据国家高职高专教育土建类专业教学指导委员会《高职高专土建类专业教学基本要求》编写，体现科学性、创新性、应用性；体现土建类教材的综合性、实践性、区域性、时效性等特点。

　　2. 适应高职高专教学改革的要求，以职业能力为主线，采用行动导向、任务驱动、项目载体，教、学、做一体化模式编写，按实际岗位所需的知识能力来选取教材内容，实现教材与工程实际的零距离"无缝对接"。

　　3. 体现先进性特点。将土建学科的新成果、新技术、新工艺、新材料、新知识纳入教材，结合最新国家标准、行业标准、规范编写。

　　4. 教材内容与工程实际紧密联系。教材案例选择符合或接近真实工程实际，有利于培养学生的工程实践能力。

　　5. 以社会需求为基本依据，以就业为导向，融入建筑企业岗位（八大员）职业资格考试、国家职业技能鉴定标准的相关内容，实现学历教育与职业资格认证相衔接。

　　6. 教材体系立体化。为了方便老师教学和学生学习，本套教材建立了多媒体教学电子课件、电子图集、标准规范、优秀专业网站、教学指导、教学大纲、题库、案例素材等教学资源支持服务平台。

全国高职高专土建类专业规划教材

编 审 委 员 会

前　言

Autodesk 公司的 Revit Architecture 是一款三维参数化的建筑设计软件，是有效创建信息化建筑模型（Building Information Modeling——BIM）的设计工具。

Revit Architecture 打破了传统的二维设计中平、立、剖视图各自独立互不相关的协作模式。它以三维设计为基础理念，直接采用工程实际的墙体、门窗、楼板、楼梯、屋顶等构件作为命令对象，快速创建出项目的三维虚拟 BIM 建筑模型，而且在创建三维建筑模型的同时自动生成所有的平面、立面、剖面和明细表等视图，从而节省了大量的绘制与处理图纸的时间，让建筑师的精力能真正放在设计上而不是绘图上。

2016 版 Revit Architecture 软件在原有版本的基础上，添加了全新功能，并对相应工具的功能进行了改动和完善，使该新版软件可以帮助设计者更加方便快捷地完成设计任务。

本书是指导初学者学习 Revit Architecture 2016 中文版绘图软件的操作教程。书中详细地介绍了 Revit Architecture 2016 强大的建筑信息模型创建及绘图的应用技巧，使读者能够利用该软件方便快捷地创建信息模型和绘制工程图样。

本书特点介绍如下：

1. 以实际工程项目为载体的内容组织形式

本书是以"建筑工程学院建工楼"这一实际工程项目为载体，以 Revit Architecture 全面而基础的操作为依据，引领读者全面学习 Revit Architecture 2016 中文版软件。全书共分 12 个单元，主要内容如下：

学习单元 1　建筑 Revit Architecture 软件的认识，主要介绍 Revit Architecture 2016 中文版软件的安装与启动、操作界面及其建筑设计方面的基本功能，并详细介绍了项目文件的创建和设置、Revit Architecture 中图元与族等方面的概念。

学习单元 2　Revit Architecture 视图显示控制与基本操作，主要介绍 Revit Architecture 视图显示控制、Revit Architecture 基本操作，以及在创建建筑模型构件时的基本绘制和编辑方法。此外，还简要介绍了参照平面的创建和标注临时尺寸的方法。

学习单元 3　标高和轴网的创建和编辑，介绍创建和编辑标高、创建和编辑轴网。通过学习标高和轴网的创建开启建筑设计的第一步。

学习单元 4　创建墙，介绍创建基本墙、幕墙和叠层墙的创建方法。无论是墙体还是幕墙的创建，均可以通过墙工具的绘制、拾取线、拾取面创建；而墙体还可以通过内建模型来创建。

学习单元 5　创建柱、梁、板，主要介绍如何创建和编辑建筑柱、结构柱，以及梁结构、室内楼板与室外楼板，使读者了解建筑柱和结构柱的应用方法和区别，室内楼板与室外楼板的应用范围。

学习单元 6　创建门窗，主要介绍门和窗创建的插入方法与编辑操作，对于百叶窗，由于窗等构件图元和主体图元的依附关系，需先创建百叶窗墙后插入百叶窗，同时扣除百叶窗墙的特殊方式，使读者较好地掌握构件图元添加的方法。

学习单元 7　创建扶手、楼梯与洞口，主要介绍扶手、栏杆、楼梯与洞口的建立方法，特别对不同形式的栏杆及扶手的创建方法进行了较为详细的介绍。

学习单元8 创建台阶、坡道和散水,介绍了建筑工程中常用的需要应用"族"来进行放样创建的这一类特殊构件的方法。

学习单元9 创建建筑构件,介绍了门厅雨篷、模型文字与卫生间洁具等构件创建与布置方法,其中在创建雨篷时,应用了结构构件"族"来创建合适组合构件的方法;创建模型文字时,介绍了如何正确设置工作面;布置卫生间洁具时,介绍了如何通过调用适当的构件"族"来创建合适的建筑构件。

学习单元10 创建场地及场地构件,介绍了添加地形表、添加建筑地坪、创建场地道路及场地构件的方法。

学习单元11 建筑的渲染与漫游,介绍了生成渲染视图和漫游动画的方法。通过对三维视图的渲染操作,使读者进一步理解和掌握材料的外观特性及控制表现方式。

学习单元12 绘制建筑施工图,介绍施工图及详图设计的主要知识点,使读者对建筑施工图设计有全面而深刻的了解与认识。了解图纸的创建、布置、项目信息等设置方法以及各种导出与打印方式,为项目绘制各类施工图纸奠定坚实的基础。

2. 本书主要特色

(1)内容的实用性

在定制本书的知识框架时,就将写作的重心放在体现内容的实用性上。不求内容全面,但求内容实用。

(2)知识的系统性

从整本书的内容安排上不难看出,全书的内容是一个循序渐进的过程,通过对"建筑工程学院建工楼"这一实际工程项目,根据建筑的设计和施工生成工程项目实体的过程,讲解建筑信息模型建模的整个流程,环环相扣,紧密相连。

(3)知识的拓展性

为了拓展读者的建筑专业知识,书中在介绍每个绘图工具时都与实际的建筑构件绘制紧密联系,并增加了建筑绘图的相关知识、涉及的施工图的绘制规律、原则、标准以及各种注意事项。

(4)扩展学习

本书扩展内容通过 http://www.worlduc.com/SpaceManage/default.aspx 世界大学城网站提供的空间,发布图纸等相关资料,并适时上传相关文件,帮助读者较好地学习 Revit Architecture 2016 中文版软件,读者可以登录网站获取深度学习内容。

3. 本书适用对象

本书紧扣土木工程专业知识,不仅引领读者熟悉该软件,而且可以了解建筑的设计过程,特别适合作为高职建筑学、建筑工程技术、工程管理类等专业的标准教材。全书共12单元,可安排30~36课时。

本书是真正面向实际应用的 BIM 基础图书。全书由高校建筑类专业教师联合编写,不仅可以作为高校、职业技术院校建筑学和土木类等专业的初、中级培训教程,而且还可以作为广大从事 BIM 工作的工程技术人员的参考书。

由于作者的水平有限,在编写过程中难免会有各种疏漏和错误,欢迎读者通过邮箱(554012324@qq.com)与我们联系,帮助我们改正提高。

编者

目　录

学习单元 1　建筑 Revit Architecture 软件的认识

任务 1.1　Revit Architecture 的安装与启动

1.1.1　安装 Revit Architecture 软件

实训：安装 Revit Architecture 2016 软件。

操作提示：

（1）打开文件目录，运行"Autodesk_Revit_2016_English_Win_64bit_dlm_001_002.sfx.exe"自解压文件，选择解压目录，目录不要带有中文字符。

（2）解压完毕后自动弹出安装界面，点击"安装"，如图 1 - 1 所示。

图 1-1　安装界面

（3）选择"我接受"，点击"下一步"。

（4）输入序列号"066—66666666"，Product key（安装密钥）：829H1，点击下一步，如图 1 - 2 所示。

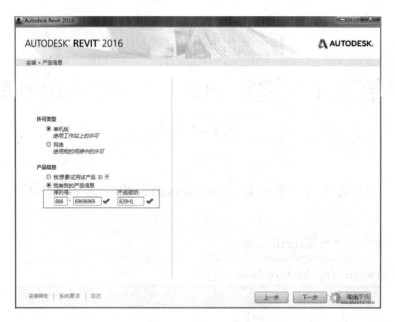

图1-2 输入序列号

(5)选择安装功能以及安装目录,点击"安装",如图1-3所示。

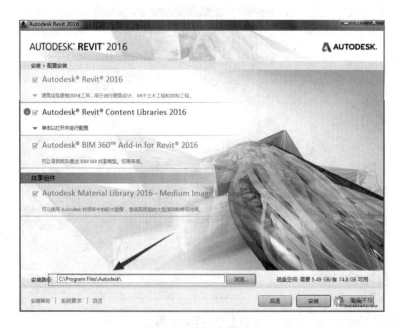

图1-3 选择安装目录

(6)软件会自动检测并安装相关软件,等待安装完成,如图1-4所示。注意:不要断网安装,否则不会安装样板文件。

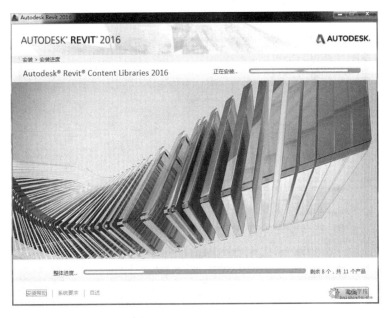

图 1-4   软件安装过程

(7)安装完毕后,断开计算机的网络连接(一般是禁用网卡或拔网线),运行桌面 Revit 2016 快捷方式,点击"激活",如图 1-5 所示。

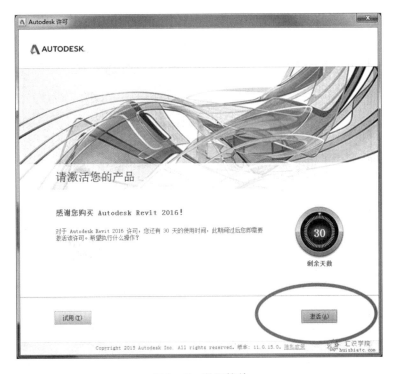

图 1-5   激活软件

（8）在 Autodesk 许可界面下，由于产品提示输入的序列号无效，因此，先选择"关闭"，如图 1-6 所示。

图 1-6　关闭激活

（9）上一步关闭之后会自动回到激活界面，这时候再点击"激活"，如图 1-7 所示。

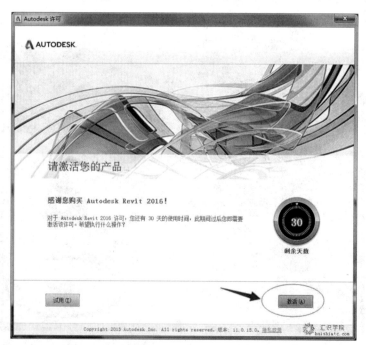

图 1-7　再次激活

（10）选择"我具有 Autodesk 提供的激活码"。根据申请号，获得激活码。

（11）将"激活码"复制到注册界面，点击"下一步"，如图 1 – 8 所示。

图 1 – 8　产品注册机

（12）弹出窗口提示注册成功，至此安装全部完成。

1.1.2　启动与关闭 Revit Architecture

实训：启动与关闭 Revit Architecture 应用程序。

操作提示：

1. 启动 Revit Architecture 应用程序

与其他标准 Windows 应用程序一样，安装完成 Revit Architecture 后，单击"Windows 开始菜单→所有程序→Revit Architecture→Revit Architecture"命令，或双击桌面 Revit Architecture 快捷图标 即可启动 Revit Architecture。

启动完成后，会显示如图 1 – 9 所示的"最近使用的文件"界面。在该界面中，Revit Architecture 会分别按时间顺序依次列出最近使用的项目文件和最近使用的族文件缩略图和名称。用鼠标单击缩略图将打开对应的项目或族文件。移动鼠标指针至缩略图上不动时，将显示该文件所在的路径及文件大小、最近修改日期等详细信息。第一次启动 Revit Architecture 时，会显示软件自带的基本样例项目及高级样例项目两个样例文件，以方便用户感受 Revit Architecture 的强大功能。在"最近使用的文件"界面中，还可以单击相应的快捷图标打开、新建项目或族文件，也可以查看相关帮助和在线帮助，快速掌握 Revit Architecture 的使用。

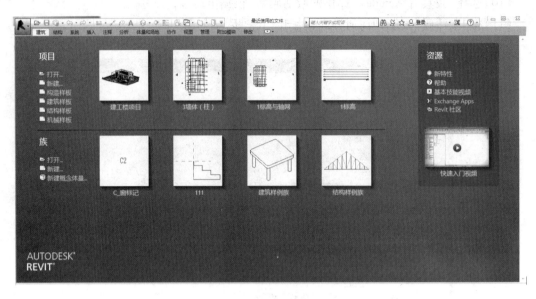

图1-9　启动界面

2.设置建模前的相关参数

点击"应用程序按钮",点击"选项",会打开"选项"对话框,如图1-10所示,可以对常规、用户界面、图形、文件位置、渲染等进行设置,为开始建模做准备。

图1-10　选项卡

3. 关闭 Revit Architecture

点击"应用程序按钮"的"关闭"按钮，即可关闭 Revit Architecture，关闭程序之前，应记得对文件所作的修改进行存盘，如果没有存盘而关闭程序，Revit Architecture 会弹出"保存文件"对话框，并让用户选择是否要将修改作保存。

任务1.2　认识 Revit Architecture 的工作界面

1.2.1　认识 Revit Architecture 的界面

实训：认识 Revit Architecture 界面，为建模做准备。

启动 Revit Architecture 后，在"最近使用的文件"界面的"项目"列表中单击"基本样例项目"缩略图，打开"基本样例项目"项目文件。Revit Architecture 进入项目查看与编辑状态，其界面如图 1-11 所示。

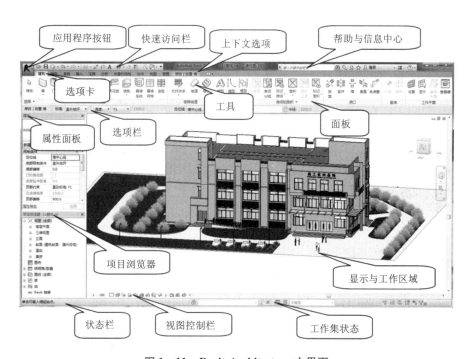

图 1-11　Revit Architecture 主界面

1. 应用程序菜单

应用程序菜单提供对常用文件操作的访问，例如"新建"、"打开"和"保存"。还允许用户使用更高级的工具(如"导出"和"发布")来管理文件。单击 ![icon] 打开应用程序菜单。如图 1-12 所示。

2. 选项设置

例如：在 Revit Architecture 2016 里自定义用户界面、快捷键时，点击应用程序菜单中的"选项"命令弹出选项对话框，如图 1-13 所示，点击"用户界面"面板中的自定义，出现用户界面配置、"快捷键"等对话框后进行设置。

图 1 - 12　应用程序菜单

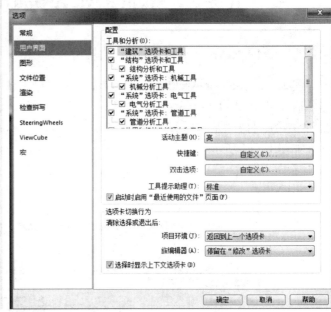

图 1 - 13　选项设置

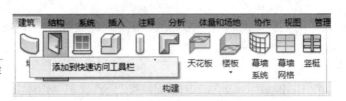

图 1 - 14　快速访问工具栏

3. 快速访问工具栏(QAT)(如图 1 – 14)

单击快速访问工具栏后的向下箭头将弹出下列工具,若要向快速访问工具栏中添加功能区的按钮,请在功能区中单击鼠标右键,然后单击"添加到快速访问工具栏"。按钮会添加到快速访问工具栏中默认命令的右侧。

4. 功能区选项卡(如图 1 – 15)

创建或打开文件时,功能区会显示。它提供创建项目或族所需的全部工具。

图 1 – 15　功能区选项卡

5. 上下文功能区选项卡(如图 1 – 16)

激活某些工具或者选择图元时,会自动增加并切换到一个"上下文功能区选项卡",其中包含一组只与该工具或图元的上下文相关的工具。

例如:单击"墙"工具时,将显示"修改/放置墙"的上下文功能区选项卡。

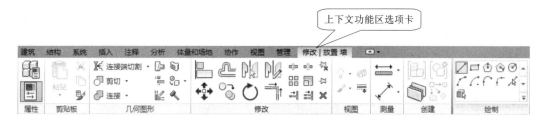

图 1 – 16　上下文功能区选项卡

6. 鼠标右键工具栏(如图 1 – 17)

在绘图区域单击鼠标右键依次为:取消,重复,最近使用命令,上次选择,查找相关视图,区域放大,缩小两倍,缩放匹配,上一次平移/缩放,下一次平移/缩放,属性。

7. 状态栏

状态栏沿 Revit 窗口底部显示。使用某一工具时,状态栏左侧会提供一些技巧或提示,告诉用户做些什么。高亮显示图元或构件时,状态栏会显示族和类型的名称。

工作集:提供对工作共享项目的"工作集"对话框的快速访问。

设计选项:提供对"设计选项"对话框的快速访问。

单击 + 拖曳:允许在不事先选择图元的情况下拖曳

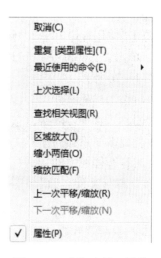

图 1 – 17　鼠标右键工具栏

图元。

过滤：用于优化在视图中选定的图元类别。

1.2.2 设置样板文件

实训：如何设置符合工作需要的样板文件。

不同用户在 Revit Architecture 的样板文件中，可以设定符合需要的工作环境，包括文字大小及样式，尺寸标注样式，图框，工作界面等。Revit Architecture 的样板文件定义了新建项目中默认的初始参数，是学习掌握 Revit Architecture 的一个非常重要的环节。

如果把一个 REVIT 项目比作一张图纸的话，那么样板文件就是制图规范，样板文件中规定了这个 REVIT 项目中各个图元的表现形式：线有多宽、墙该如何填充、度量单位用毫米还是用英寸等等，除了这些基本设置，样板文件中还包含了该样板中常用的族文件，如工业建筑的样板文件中，族里面便会包括一些吊车之类的只有在工业建筑中才会常用的族文件。

对于 Revit Architecture 的样板文件的制作，建议打开原有的样板文件，如我们提供的"中国样板.rte"，在原有的样板文件上做修改，使其符合当地设计院或特定项目对工作环境设定的需要。完成修改后，将其"另存为"。可以在"文件""新建""项目"时，选择本项目所用的样板文件。

默认样板文件的标高样式、尺寸标注样式、文字样式、线型线宽线样式、对象样式等，不能满足中国国家标准制图规范要求，所以需设置中国样板，如图 1 - 18。

样板文件的后缀为：∗.rte

项目文件的后缀为：∗.rvt

在 Revit Architecture 中，创建的项目都基于项目样板。项目样板中定义了项目的初始状态，如项目的单位、材质设置、视图设置、可见性设

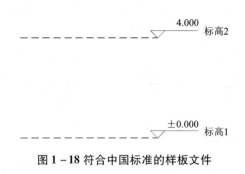

图 1 - 18 符合中国标准的样板文件

置、载入的族等信息。选择合适的项目样板开始工作，将起到事半功倍的效果。

操作提示：

点击"应用程序菜单"右侧的三角形按钮，选择下拉菜单 - "选项"命令，打开"选项"对话框。单击"文件位置"，可以进行添加样板文件的类型或者打开某一个样板文件。如图 1 - 19，图 1 - 20 所示。

（1）添加样板文件

点击左侧"➕"按钮。选择样板文件的路径 Programpate/Autodesk/Rvt 2016/Templates/China 找到需要添加的样板文件类型，点击打开即可添加相应的样板文件。

（2）打开样板文件

点击样板文件名称右侧路径的按钮，选择需要的样板文件，打开相应的样板文件。

图 1-19 样板文件路径设置

图 1－20　样板文件地址

1.2.3　操作 Revit Architecture 图元与族

实训：熟悉 Revit Architecture 图元与族的含义。

操作提示：

1. Revit Architecture 的五种图元要素

（1）主体图元：包括墙、楼板、屋顶和天花板，场地，楼梯，坡道等。

主体图元的参数设置如大多数的墙都可以设置构造层、厚度、高度等（如图 1－21 所示）。

楼梯都具有踏面、踢面、休息平台、梯段宽度等参数。

主体图元的参数设置由软件系统预先设置。用户不能自由添加参数，只能修改原有的参数设置，编辑创建出新的主体类型。

（2）构件图元：包括窗、门和家具、植物等三维模型构件。

构件图元和主体图元具有相对的依附关系，如门窗是安装在

图 1－21　主体图元——基本墙

墙主体上的，删除墙，则墙体上安装的门窗构件也同时被删除。这是 Revit Architecture 的特点之一。

构件图元的参数设置相对灵活，变化较多，所以在 Revit Architectur 里，用户可以自行定制构件图元，设置各种需要的参数类型，以满足参数化设计修改的需要（如图 1 – 22 所示）。

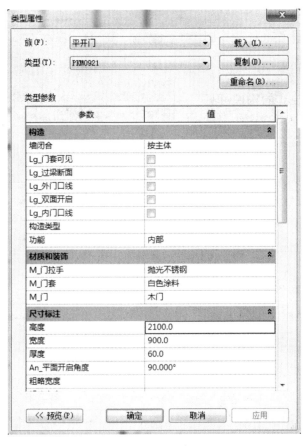

图 1 – 22 构件图元——门

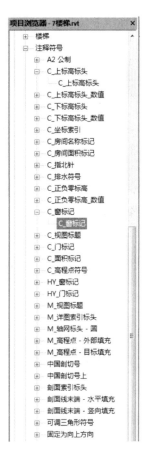

图 1 – 23 注释图元

（3）注释图元：包括尺寸标注、文字注释、标记和符号等注释图元的样式都可以由用户自行定制，以满足各种本地化设计应用的需要。比如展开项目浏览器的族中注释符号的子目录，即可编辑修改相关注释族的样式（如图 1 – 23 所示）。

Revit Architectur 中的注释图元与其标注、标记的对象之间具有某种特定的关联。如门窗定位的尺寸标注，修改门窗位置或门窗大小，其尺寸标注会自动修改；修改墙体材料，则墙体材料的材质标记会自动变化。

（4）基准面图元：包括标高、轴网、参照平面等。

因为 Revit Architectur 是一款三维设计软件，而三维建模的工作平面设置是其中非常重要的环节。所以标高、轴网、参照平面等为我们提供了三维设计的基准面。

此外，我们还经常使用参照平面来绘制定位辅助线以及绘制辅助标高或设定相对标高偏移来定位。如绘制楼板时，软件默认在所选视图的标高上绘制，我们可以通过设置相对标高偏移值来绘制诸如卫生间下降楼板等(如图 1 - 24 所示)。

(5)视图图元:包括楼层平面图、天花板平面图、三维视图、立面图、剖面图以及明细表等。

视图图元的平面图、立面图、剖面图以及三维轴测图、透视图等都是基于模型生成的视图表达,它们是相互关联的。可以通过软件对象样式的设置来统一控制各个视图的对象显示(如图 1 - 25 所示)

同时每一个平面、立面、剖面视图又具有相对的独立性。如:每一个视图都可以设置其独有的构件可见性、详细程度、视图比例、视图范围设置等,这些都可以通过调整每个视图的视图属性来实现(如图 1 - 26 所示)。

Revit Architecture 软件的基本构架就是由以上五种图元要素构成。对以上图元要素的设置及修改、定制等操作都有相类似的规律,需学习者用心体会。

图 1 - 24 基准面图元

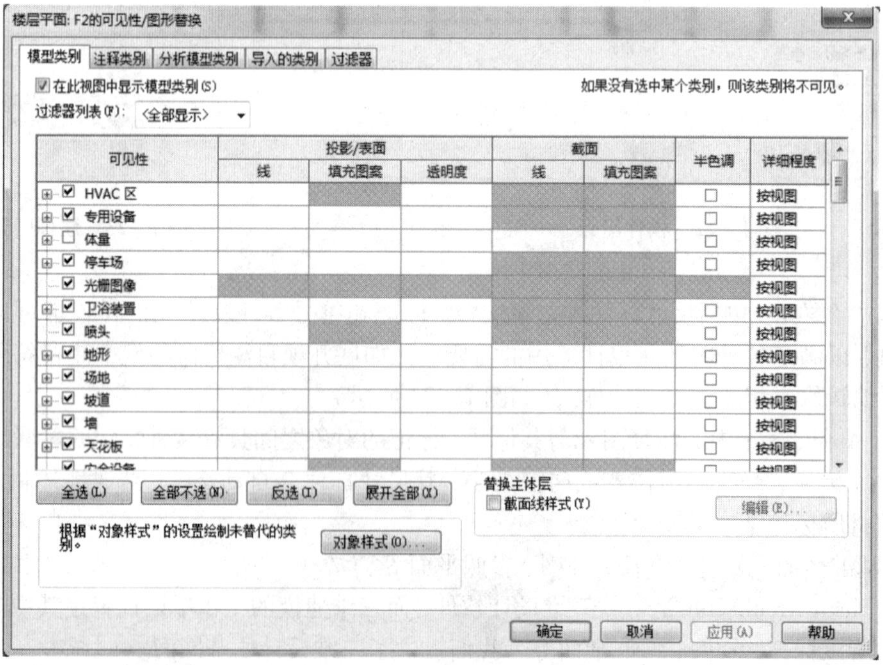

图 1 - 25 视图图元

2."族"的名词解释和 Revit Architecture 软件的整体构架关系

Revit Architecture 软件作为一款参数化设计软件，"族"的概念需要深入理解和掌握。通过族的创建和定制，使软件具备了参数化设计的特点以及实现本地化项目定制的可能性。族是一个包含通用属性（称作参数）集和相关图形表示的图元组。所有添加到 Revit Architecture 项目中的图元（从用于构成建筑模型的结构构件、墙、屋顶、窗和门到用于记录该模型的详图索引、装置、标记和详图构件）都是使用族创建的。

在 Autodesk Revit Architecture 中，有三种族：

（1）内建族：在当前项目为专有的特殊构件所创建的族，不需要重复利用。

（2）系统族：包含基本建筑图元，如墙、屋顶、天花板、楼板以及其他要在施工场地使用的图元。标高、轴网、图纸和视口类型的项目和系统设置也是系统族。

（3）标准构件族：用于创建建筑构件和一些注释图元的族。例如窗、门、橱柜、装置、家具、植物和一些常规自定义的注释图元，例如符号和标题栏等。它们具有高度可自定义的特征，可重复利用。

在应用 Revit Architecture 软件进行项目定制的时候，首先需要了解：软件是一个有机的整体，它的五种图元要素之间是相互影响和密切关联的。所以我们在应用软件进行设计、参数设置及修改时，需要从软件的整体构架关系来考虑。

图 1-26　视图属性

学习单元2 Revit Architecture 视图显示控制与基本操作

任务2.1 Revit Architecture 视图显示控制

在上一单元中,介绍了 Revit Architecture 中的项目、族等基本概念。本单元中,将进一步介绍 Revit Architecture 中项目浏览器的应用及视图的控制,以及图元选择、编辑和修改操作工具,进一步熟悉 Revit Architecture 的操作模式。

视图控制是 Revit Architecture 中重要的基础操作之一。在 Revit Architecture 中,视图不同于常规意义上理解的 CAD 绘制的图纸,它是 Revit Architecture 项目中 BIM 模型根据不同的规则显示的模型投影或截面。Revit Architecture 中常见的视图包括三维视图、楼层平面视图、天花板视图、立面视图、剖面视图、详图视图等。另外 Revit Architecture 还提供了明细表视图和图纸类别视图。其中明细表视图以表格的形式统计项目中各类信息,图纸视图用于将各类不同的视图组织成为最终发布的项目图档。

2.1.1 使用项目浏览器

实训:熟悉项目浏览器的内容以及自定义项目浏览器,学会使用项目浏览器,可以在各视图间进行切换的操作。

操作提示:

一、打开项目浏览器的操作

项目浏览器用于组织和管理当前项目中包含的所有信息,包括项目中所有视图、明细表、图纸、族、组、链接的 Revit 模型等项目资源。Revit Architecture 按逻辑层次关系组织这些项目资源,方便用户管理。

点击"视图"选项卡,单击"窗口"工具面板上的"用户界面"按钮,在弹出的用户界面下拉菜单中勾选"项目浏览器"复选框,即可重新显示"项目浏览器"。默认情况下,项目浏览器显示在 Revit Architecture 界面的左侧且位于属性面板下方。在"项目浏览器"面板的标题栏上按住鼠标左键不放,移动鼠标指针至屏幕适当位置并松开鼠标,可拖动该面板至新的位置。当"项目浏览器"面板靠近屏幕边界时,会自动吸附于边界位置。用户可以根据自己的操作习惯定义适合自己的项目浏览器位置。

单击"项目浏览器"右上角的"关闭"按钮"✖",可以关闭项目浏览器面板,以获得更多的屏幕操作空间。

💿提示:在"用户界面"下拉菜单中,还可以控制属性面板、状态栏、工作集状态栏等的显示与隐藏。

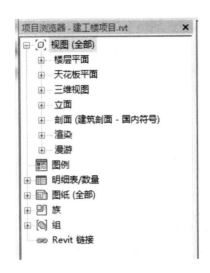

图 2 - 1 项目浏览器

图 2 - 2 展开楼层平面

二、项目浏览器的主要内容介绍

使用项目浏览器，双击对应的视图名称，可以方便地在项目的各视图中进行切换。

（一）项目视图

1. 默认 3D 视图

启动 Revit Architecture，打开光盘"建工楼项目"项目文件，Revit Architecture 将打开建工楼项目的默认 3D 视图。

2. 楼层平面图

在项目浏览器中，单击"视图"类别中"楼层平面"前的⊞，展开楼层平面类别，该楼层平面视图类别中包括 9 个视图，如图 2 - 2 所示。单击项目浏览器"视图"类别前的"⊟"，收拢"视图"类别。双击"楼层平面"类别中的"F1"视图，Revit Architecture 将打开"F1"楼层平面视图。

注意项目浏览器中该视图名称将高亮显示。

提示：楼层平面视图表现的内容类似于传统意义中的"平面图"。关于视图的详细内容，参见本书第 12 单元。

3. 立面（建筑立面）视图

在项目浏览器中展开"视图"中的"立面（建筑立面）"类别，双击"南立面"视图，Revit Architecture 将打开"南立面"视图，注意项目浏览器中该视图名称将高亮显示。

4. 三维视图

展开"三维视图"类别，Revit Architecture 在"三维视图"类别中存储默认的三维视图和所有用户自定义的相机位置视图。双击"（3D）"，Revit Architecture 将打开默认三维视图。

提示：Revit Architecture 2016 中所有的项目都包含一个默认名称为"3D"的由 Revit Architecture 2016 自动生成的默认三维视图。除使用项目浏览器外，还可以单击快速访问工具栏中的"默认三维"按钮"🏠"，快速切换至默认三维视图。

5. 渲染视图

展开"渲染"类别，Revit Architecture 在"渲染"类别中存储所有保存过的渲染效果视图。双击"3D – 1"，打开该渲染视图，查看该渲染的效果。以相同的方式切换至其他渲染视图，对比不同的材质方案效果。

（二）明细表/数量视图

单击"明细表/数量"类别前的"⊞"，展开"明细表/数量"视图类别。双击"门明细表楼层数量"视图，切换至该明细表视图，如图 2 – 3 所示，该视图以明细表的形式反映了项目中各标高中门的统计信息。

〈门明细表〉							
A	**B**	**C**	**D**	**E**	**F**	**G**	**H**
	洞口尺寸			樘数			
设计编号	高度	宽度	参照图集	总数	标高	备注	类型
700 x 2100 m	2100	700		1	F1		单扇平开木门20
900 x 2100 m	2100	900		2	F1		单扇平开镶玻璃
900 x 2100 m	2100	900		2	F2		单扇平开镶玻璃
900 x 2100 m	2100	900		2	F3		单扇平开镶玻璃
1000 x 2100	2100	1000		2	F1		单扇平开木门20
1000 x 2100	2100	1000		3	F2		单扇平开木门20
1000 x 2100	2100	1000		5	F3		单扇平开木门20
1000 x 2400	2400	1000		2	F1		门洞
1000 x 2400	2400	1000		2	F2		门洞
1000 x 2400	2400	1000		2	F3		门洞
1200 x 2100m	2100	1800		1	F1		子母门
1200 x 2100m	2100	1200		2	F1		双扇平开木门7
1200 x 2100m	2100	1200		2	F2		双扇平开木门7
1200 x 2100m	2100	1200		5	F3		双扇平开木门7
1800 x 2100	2100	1800		3	F1		双扇平开木门 1
1800 x 2100	2100	1800		2	F2		双扇平开木门 1
1800 x 2100	2100	1800		1	F4		双扇平开木门 1
1800 x 2100	2100	1800		1	F1		双扇平开木门7
1800 x 2100	2100	1800		1	F2		双扇平开木门7
1800 x 2100	2100	1800		3	F3		双扇平开木门7
FM3-1500x210	2100	1500		1	F4		子母门
M1000x2100-C	2400	2400		1	F3	木制门窗等类	门联窗_002

图 2 – 3   门明细表楼层数量

提示：在 Revit Architecture 中，明细表可以按不同的形式进行统计和显示。

（三）图纸（全部）视图

单击"图纸（全部）"，展开图纸类别，显示该项目中所有可用的图纸列表。

提示：在 Revit Architecture 中，一张图纸是一个或多个不同的视图有序地组织到图框中形成的。

三、快速关闭视口或视图的操作

Revit Architecture 每切换一个视口或者视图都以新视图窗口中打开视图。因此每次切换视图时，Revit Architecture 都会创建新的视图窗口。如果切换视图的次数过多，可能会因为视图窗口过多而消耗较多的计算机内存资源。在操作时应根据情况及时关闭不需要的视图窗口，以节约计算机内存资源。

单击视图右上角的视图窗口控制栏中的关闭按钮，关闭当前打开的视图窗口，Revit Architecture 将显示上次打开的视图。连续单击视图窗口控制栏中的"关闭"按钮，直到最后一个视图窗口关闭时，Revit Architecture 将关闭项目。

　　Revit Architecture 提供了一个快速关闭隐藏窗口的工具，可以关闭除当前窗口外的其他不活动视图窗口。如图 2-4 所示，切换至"视图"选项卡，单击"窗口"面板中的"关闭隐藏对象"工具，或单击默认选项栏中的"关闭隐藏对象"工具，可关闭除当前视图窗口之外的所有视图窗口。该工具仅在当前视图窗口最大化显示时有效。

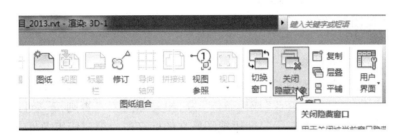

图 2-4　关闭隐藏对象

四、自定义项目浏览器的操作

　　默认的项目浏览器是按照各种不同视图方式显示的。可以根据需要自定义项目浏览器中视图或图纸的显示方式，例如，项目浏览器按照不同的标高来组织视图的形式。

　　操作提示：

　　1.启动 Revit Architecture

　　打开"建工楼项目"文件，将打开项目默认三维视图。

　　2.打开浏览器组织对话框

　　鼠标指向项目浏览器中视图全部，点击右键，打开一个菜单，选择"浏览器组织"选项，或者点击"视图"选项卡，单击"窗口"工具面板中的"用户界面"下拉列表，选择"浏览器组织"选项，如图 2-5 所示，弹出"浏览器组织"对话框。

图 2-5　"浏览器组织"对话框

3.新建浏览器组织名称

确认当前选项卡为"视图",在列表中将显示当前"建工楼项目.rvt"中所有可用的预定义组织形式,该项目当前显示方式为"全部"。单击对话框右侧的"新建"按钮,打开"浏览器组织名称"对话框,输入新的浏览器组织名称为"按标高显示视图",完成后单击"确定"按钮。

图2-6　浏览器组织名称

4.设置浏览器组织属性参数

打开"浏览器组织属性"对话框,如图2-7所示,在"浏览器组织属性"对话框中,确认当前选项卡为"成组和排序",修改"成组条件"为"相关标高","否则按"条件为"类型",即在项目浏览器中显示视图归类时优先使用视图所在的标高作为第一成组条件,然后再按视图的类型(如楼层平面、天花板平面等)归类组织视图。确认"排序方式"为"视图名称",并按"升序"的方式排列,其他参数参见图中所示,设置完成后单击"确定"按钮,退出"浏览器组织属性"对话框,返回"浏览器组织"对话框。

图2-7　浏览器组织属性

提示:在"过滤器"选项卡中,可以指定在项目浏览器中显示符合过滤条件的视图。在浏览包含复杂信息的BIM模型时,可以根据条件过滤不需要显示的视图。

5. 按不同标高组织视图

在"浏览器组织"对话框中，勾选上一步中创建的"按标高显示视图"选项，再次单击"确定"按钮退出"浏览器组织"对话框，项目浏览器中显示的方式变化为如图 2-8 所示。注意视图已经按各标高重新组织排序，展开 F1 标高，可以看到与该标高相关的所有视图类型：楼层平面 F1、楼层平面 F1 外墙、楼层平面场地，再次展开，可以看到不同视图类型下面所包含的视图。

图 2-8　按各标高重新组织排序视图

提示："???"表示不属于任何标高的视图，如三维视图、剖面视图、渲染视图、立面视图等。

在 Revit Architecture 中，一个标高可以具有多个不同类别的视图，例如，对于 F1 标高，可以根据标高生成 F1 楼层平面视图、F1 外墙平面视图、F1 场地等。

通过自定义项目浏览器可以更灵活地将各视图按照不同设计人员的习惯来重新组织，比如按不同规程来组织各视图，可以在多人协作起到非常重要的作用。

五、搜索视图

在 Revit 2016 的项目浏览器中，用鼠标右键单击"视图"类别，在弹出菜单中选择"搜索"选项，可以在项目浏览器中搜索所有包含指定字符的视图或族。如图 2-9 所示。

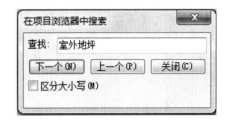

图 2-9　搜索视图

2.1.2　视图导航

实训：熟悉视图导航操作，利用鼠标配合键盘功能键或使用 Revit Architecture 提供的用于视图控制的"导航栏"，分别对不同类型的视图进行多种控制操作。

Revit Architecture 提供了多种视图导航工具，可以对视图进行诸如缩放、平移等操作控制。在视图操作过程中，利用鼠标滚轮将大大提高 Revit Architecture 视图的操作效率，强烈建议在操作 Revit Architecture 时使用带有滚轮的三键鼠标

操作提示：

一、利用鼠标控制视图的缩放与平移等操作

1. 放大与缩小视图的操作方法

打开"建工楼项目"文件，在项目浏览器中切换至楼层平面视图类别中的"F1"楼层平面视图。移动鼠标指针至 9 轴线附近位置，向上滚动鼠标滚轮，Revit Architecture 将以鼠标指针所在位置为中心放大显示视图。向下滚动鼠标滚轮，Revit Architecture 将以鼠标指针所在位置为中心，缩小显示视图。如图 2-10 所示。

2. 平移视图操作

移动鼠标指针至视图中心位置，按住鼠标中键不放，此时鼠标指针变为"✛"，上下左右

移动鼠标，Revit Architecture 将沿鼠标移动的方向平移视图。移动至所需位置后，松开鼠标中键，退出视图平移模式。

3. 三维视图操作（缩放、平移、旋转）

单击快速访问栏中的"默认三维视图"工具"⌂"，切换至默认三维视图。按上述相同的方式可以在默认三维视图中进行视图缩放和平移。

移动鼠标指针至默认三维视图中心位置，按住鼠标滚轮不放，同时按住键盘上的 Shift 键不放，鼠标指针将变为"◎"，左右移动鼠标，将旋转视图中的模型。

提示：旋转视图时，仅旋转了三维视图中默认相机的位置，并未改变模型的实际朝向。

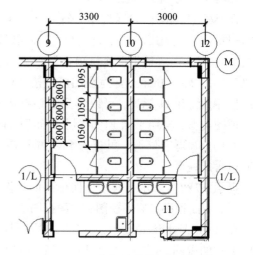

图 2-10　鼠标滚轮操作缩放图形

Revit Architecture 仅在三维视图中提供视图旋转查看功能。

二、视图导航栏的有关操作

在楼层平面视图中，除使用鼠标中键放大、平移、旋转视图外，还可以使用 Revit Architecture 提供的视图控制工具对视图进行操作。

1. 二维视图中二维控制盘操作

在项目浏览器中切换至"F1"楼层平面视图。单击图 2-11 所示的视图右侧导航栏中的"控制盘"工具。打开二维控制盘，如图 2-12 所示，二维控制盘将跟随鼠标位置移动。

图 2-11　视图右侧导航栏

图 2-12　二维控制盘

提示：如果视图中未显示"导航栏"，在"视图"选项卡的"窗口"面板中单击"用户界面"按钮.从弹出的"用户界面"下拉列表中勾选"导航栏"复选框即可。在楼层平面视图等非三维视图中，将打开二维控制盘。

（1）移动操作：鼠标指针移至控制盘中的不同选项时，该选项将高亮显示。移动鼠标指针至"平移"选项，按住鼠标左键不放，鼠标指针将变为视图平移状态"✛"，沿左右或上下方向移动鼠标，Revit Architecture 将按鼠标移动方向平移视图。当视图平移至视图中心位置后，松开鼠标左键，重新显示二维控制盘。

（2）缩放操作：移动鼠标指针至 5 轴线右侧楼梯处，二维控制盘也将跟随鼠标指针移动至此处。鼠标指针移动至控制盘"缩放"选项，按住鼠标左键不放，鼠标指针将变为视图缩放状态"🔍"，向上或向右移动鼠标，Revit Architecture 将以控制盘所在位置为中心，放大视图。向下或向左移动鼠标，Revit Architecture 将以控制盘所在位置为中心，缩小视图。缩放至可以看清楼梯细节时，松开鼠标左键，完成缩放操作，Revit Architecture 重新显示二维控制盘。

（3）回放操作：将鼠标指针移至二维控制盘的"回放"选项，按住鼠标左键不放，Revit Architecture 将以缩略图的形式显示对当前视图进行操作的历史记录，在缩略图列表中左右滑动鼠标，当鼠标指针经过缩略图时，Revit Architecture 将重新按缩略图显示状态缩放视图。

2. 三维视图中全导航控制盘操作

单击快速访问工具栏中的"三维视图"按钮"🏠"，切换至默认三维视图。单击右侧"导航栏"中航盘工具下的黑色三角，弹出导航盘样式选择列表，如图 2 – 13 所示，在列表中选择"全导航控制盘"命令，启用全导航控制盘。

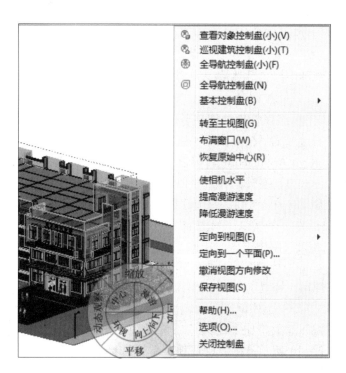

图 2 – 13　三维视图控制盘属性

提示：按键盘快捷键 Shifi + W 可以直接开启或关闭视图控制盘。

（1）导航控制盘属性：在三维视图中，Revit Architecture 提供了功能更为强大的视图控制盘，如图 2 – 14 所示，以方便在三维视图中查看模型。

如图 2 – 15 所示，在该控制盘中，除可以完成缩放、平移、回放等三维控制盘能完成的视图控制功能外，还可以实现更多视图操作功能。

图 2-14   启用全功能三维控制盘

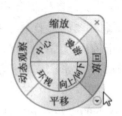

图 2-15   全导航控制盘

(2)动态观察选项操作:将鼠标指针移至控制盘"动态观察"选项,按住鼠标左键不放,鼠标指针变为"动态观察"状态🔄,左右移动鼠标,Revit Architecture 将按鼠标移动方向旋转三维视图中的模型。视图中绿色球体●表示动态观察时视图旋转的中心位置。松开鼠标左键,退出动态观察模式,返回控制盘。

(3)"中心"选项操作:将鼠标指针移动至控制盘"中心"选项,按住鼠标左键不放,拖动绿色球体●至模型上任意位置,松开鼠标左键,重新设置中心位置。再使用控制盘"动态观察"选项放置视图时,Revit Architecture 将以该指定位置为中心旋转查看视图。

其他工具的使用方式与动态观察非常相似,请读者自行尝试使用其他几组查看工具。完成查看后,单击控制盘上的关闭按钮,或按键盘 Esc 键,退出控制盘。

(4)"漫游"选项操作:在默认三维视图中不可使用"漫游"工具。可以在相机视图中尝试使用该工具。在本例中,可以通过项目浏览器切换至"视图"→"三维视图"→"三维视图1"中尝试使用该工具。

3.区域放大操作

单击导航栏下方视图缩放按钮下的黑色三角形,弹出缩放选项列表,如图 2-16 所示,在缩放选项菜单中选择"区域放大",单击视图控制栏中的区域放大图标,鼠标指针变为"🔍",进入视图区域放大缩放模式。

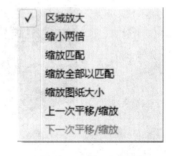

图 2-16   启用区域放大

在视图①轴线左侧①轴线处单击并按住鼠标左键,向右下方 12 轴线拖动鼠标.Revit Architecture 将显示缩放区域范围框,如图 2-17 所示。释放鼠标左键,Revit Architecture 将显示范围框内图元充满当前视图显示。

4.缩放匹配操作

使用相同的方式,在导航栏缩放选项中切换至"缩放匹配"选项,Revit Architecture 将重新缩放视图,以显示视图中的全部图元。

在视图空白区域内单击鼠标右键,将弹出如图 2-18 所示的菜单,选择菜单中的相关选项,也可以实现对视图的缩放操作。

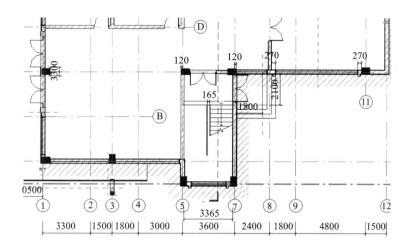

图 2 – 17　区域放大效果

在 Revit 2016 中，在视图任意位置双击鼠标中键，将自动执行"缩放全部以匹配"视图操作，在视图中显示全部图元。

2.1.3　使用 View Cube

实训：学习如何使用 View Cube 这个工具来进行指定的三维视图方向的三维视图的浏览操作。

在三维视图中，除可以使用"动态观察"等工具查看模型三维视图外，Revit Architecture 还提供了 View Cube 工具进行指定三维视图方向的三维视图的浏览。比如将视图定位至东南轴测、顶部视图等常用三维视点，浏览指定的三维视图的方向的三维视图。默认情况下，该工具位于三维视图窗口的右上角，如图 2 – 19 所示。

View Cube 立方体的各顶点、边、面和指南针的指示方向，代表三维视图中不同的视点方向，单击立方体或指南针的各部位，可以在各方向视图中切换，按住 View Cube 或指南针上任意位置并拖动鼠标，可以旋转视图。

操作提示：

打开建工楼项目，也可以直接通过快捷方式来将它快速打开，打开建工楼默认的三维视图。

1. 顶视图以及旋转操作

单击"上"，可以切换到顶视图，单击右上方的"旋转"，将视图作 90°的旋转。

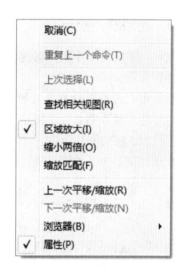

图 2 – 18　启用区域放大

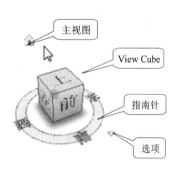

图 2 – 19　View Cube

2.南立面的操作

单击"南"立面这个方向当中的箭头，可以切换到南立面。

3.等轴侧方向视图操作

单击立方体的顶点，可以切换到等轴测方向视图，也可以通过单击不同顶点方式，切换到不同方向等轴测方向的视图。

4.主视图的操作

除了能够在不同的视图方向上进行切换之外，可以看到 View Cube 还提供了一个"主视图"，单击主视图的命令，可以切换到默认主视图方向，所谓"主视图"，其实我们可以把任意角度的视图定义成当前视图的主视图，比如，我们将某角度视图定义为当前视图窗口的主视图，然后在"主视图"按钮上击右键，在弹出的光标菜单中，有一个选项"将当前视图设定为主视图"，单击这个选项，这个时候即使我们旋转到了其他视图后，依然可以通过单击这个"主视图"按钮，将它快速切换到定义的主视图。同样地，在主视图按钮上单击鼠标右键，这里边我们可以找到"选项"，可以打开 View Cube 进行设置，这里，我们不作任何设置。

在 View Cube 选项菜单中，也可以访问"定向到一个平面"工具。

2.1.4 使用视图控制栏

实训：使用视图控制栏对视图的显示进行控制，掌握常用的视图控制栏工具。

操作提示：

1.熟悉视图控制栏各选项的含义

打开建工楼项目，默认显示该项目的三维视图，将它切换到东南等轴测视图，将视图进行适当放大，在视图底部有一排"视图控制栏"，如图 2-20 所示。在视图控制栏中，分别包含有视图比例、视图详细程度、视图所采取的视觉样式、日光路径、阴影控制、显示渲染对话框、裁剪视图、显示/关闭裁剪区域、锁定三维视图、隐藏/临时隐藏、显示被隐藏的图元这几个工具。在三维视图当中，有显示渲染对话框这个工具，在二维视图中，是没有这个工具的。

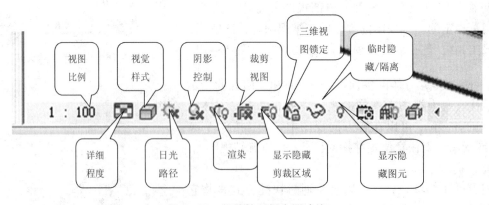

图 2-20 视图控制栏主要功能

2.常用的视图显示控制的操作

（1）视图的显示方式操作：通过不同的视觉样式来控制视图是如何显示的。单击视图样式这个按钮，可以弹出视觉样式列表，在视觉样式列表中，分别有线框、隐藏线、着色、一致的颜色、真实和光影追踪。

单击"线框"选项，将当前视图显示成线框模式，这种显示模式效果很差，但显示速度快；单击"隐藏线"选项，可以对视图进行消影计算；单击"真实"选项，可以看到这种模式速度比较慢，同时可以看到，在真实模式下，Revit Architecture 显示了各个构件的真实材质，效果非常逼真，但显示速度比较慢；单击"着色"模式，可以加快显示速度。

（2）隐藏与隔离操作：

临时隐藏操作：选择楼梯，单击视图控制栏中的"临时隐藏/隔离"工具，可以弹出隔离和隐藏的选项，在这个列表当中，选择"隔离类别"，可以看到，在当前视图中其他的图元全部隐藏，只显示楼梯类别的图元。可以利用"临时隐藏/隔离"这个工具，经常可以对我们想编辑的对象进行隔离和隐藏显示，注意到隔离和隐藏后，Revit Architecture 会在视图的周边加上一个蓝色的提示框，表示该视图中包含隐藏的图元，同时，"临时隐藏/隔离"工具的图标将改变样式，两次单击"临时隐藏/隔离"工具，在列表中选择"重设临时隐藏/隔离"，可以看到，恢复正常的图元显示。

永久隐藏操作：选择屋顶楼板图元，单击"临时隐藏/隔离"，在弹出的列表中，选择"隐藏图元"，可以看到，所选择的屋顶楼板图元被隐藏起来，其他图元仍然在视图当中显示，这样，我们可以通过隐藏的方式，再编辑被屋顶楼板遮盖的图元。继续单击"临时隐藏/隔离"按钮，在弹出的列表中选择"将隐藏/隔离应用到视图"，我们可以看到，选择该选项之后，该视图的蓝色的提示框消失，同时，"临时隐藏/隔离"工具的菜单中的所有选项全部变得不可用，因为，我们已经将屋顶隐藏的视图应用到视图，变成一个永久性的隐藏了。单击"显示隐藏的图元"这个按钮，一个红色的边框显示在视图当中，来给用户以提示在当前正在显示的隐藏图元，被隐藏的屋顶以红色的方式显示在视图当中，选择这个屋顶图元，单击鼠标右键，在弹出的光标菜单中选择"取消在视图中隐藏\图元"，这个时候，就取消了屋顶的隐藏，继续单击关闭"显示隐藏图元"按钮，可以看到，被隐藏的屋顶又显示到了当前视图当中。

"临时隐藏/隔离"、"显示隐藏的图元"工具是非常常用的视图操作，希望读者灵活掌握。

任务 2.2　Revit Architecture 基本操作

2.2.1　选择图元

实训：熟悉选择图元的基本方法。

选择图元是 Revit Architecture 编辑和修改操作的基础，也是 Revit Architecture 中进行设计时最常用的操作。在前面的练习中，多次使用鼠标左键选择图元。事实上 Revit Architecture 中，在图元上直接单击鼠标左键选择是最常用的图元选择方式。配合键盘功能键，可以灵活地构建图元选择集，实现图元选择。

操作提示：

1. 鼠标左键选择单个图元

首先打开建工楼项目，默认切换到"一层平面图"楼层平面视图中，使用"区域放大"适当放大⑨～⑫轴线间的卫生间区域范围的对象，移动到被选择的对象窗上，单击鼠标左键，即可选择该窗，同时在"属性"面板中，显示该窗的"族"和"族类型"，以及窗的其他特性。如图

2 – 21 所示。

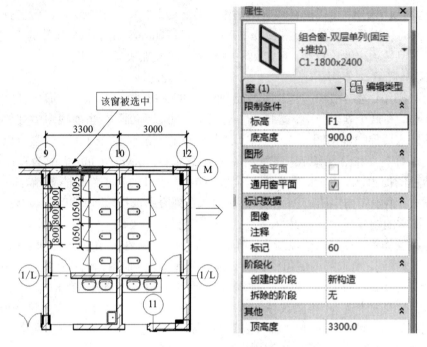

图 2 – 21　选择窗图元

Revit Architecture 将在所有视图中高亮显示选择集中的图元,以区别未选择的图元。

2.鼠标左键选择多个图元

移动鼠标到另外的窗上,单击鼠标左键,该窗处于选择状态,但值得注意的是,该操作将放弃刚才所选择的窗,而仅选择这一个窗户。如果我们希望选择多个窗户,可以按住 Ctrl 键不放,鼠标会变成带有"＋"号的形状"🖑",再单击其他图元,即可在选择集中添加图元,选择完对象后,可以按键盘的"Esc"键,或者单击空白处取消选择集。作了选择后,也可以按住"Shift"键,鼠标会变成带有"－"号的形状"🖑",单击已选择的图元,即可将该图元从选择集中去除选择。

3.框选方式选择图元

(1)左侧往右侧框选方式(如图 2 – 22 所示)

Revit Architecture 还支持框选,在需要选择的图元左上方按住鼠标左键不放,拖动鼠标到图元的右下方,会出现一个选择框,注意:从左上方拖动鼠标到右下方,会出现实线选择框,实线框选择是指所有被实线框完全包围的图元才能被选择,比如,实线框内包含了卫浴装置、尺寸标注、窗、结构柱以及门等16个图元被选中,那么这16个图元被选择,同时在右下角会出现一个过滤器,并且提示一共有16个图元被选择"▽:16",在空白处单击,可以取消选择集。

(2)右侧往左侧框选方式

按住鼠标左键,从右下角往左上角拖动,产生选择框,但注意这种方式所产生的选择框

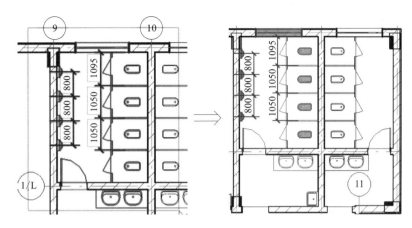

图 2 – 22　实线框选择多个图元

说明：⑩轴线以左包含在实线框内对象被选中

为虚线框，虚线选择框是指包含在框内的对象以及只要与虚线相交的对象都将被选择，如图 2 – 23 所示，可以选择卫浴装置、墙、建筑地坪、楼板、轴网以及门等，松开鼠标左键，可以看到选择很多对象，同时，右下角的过滤器中指示选择集中对象的数目"🔻₁₇"，单击过滤器，可以弹出过滤器对话框，如图 2 – 24 所示，在过滤器对话框，显示全部已选择的对象的类别和数目，单击"放弃全部"按钮，可以去除所有类别的勾选，再勾选"门"类别，并有一个计数统计，指示该选择集中包含选择门的数目，单击"确定"，视图中可以看到选择集中只保留了被选择的两个窗，按"Esc"键可以取消当前的选择集。

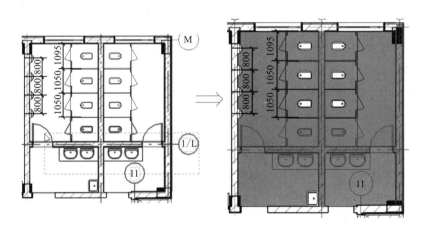

图 2 – 23　虚线框选择多个图元

说明：⒁轴线与虚线框相交以及包含对象被选中，包括楼板

4.选择相同类型的图元

在某一窗上单击，选择该窗，再右击鼠标，可以弹出光标菜单，其中有一项"选择全部实例"，该选项提供了两个选项："在视图中可见"和"在整个项目中"，它们的含义分别是：在"视图中可见"是指该视图中与所选对象类别相同的对象全部被选择，"在整个项目中"是指

整个项目中与所选对象类别相同的对象全部被选择。

5. 快速选择方式选择图元

移动鼠标到墙的位置，高亮显示该墙的属性，按键盘的"Tab"键，与该墙首尾相连的

墙都高亮显示，如果再按"Tab"键，高亮显示的对象可能是楼板等图元，并在提示栏中显示了高亮显示的图元的名称——楼板，单击鼠标左键，即可选择该楼板。也就是说，在选择时，Revit Architecture 有两个操作：第一个是鼠标放在对象上时，该对象会高亮显示其选择预览，单击鼠标左键，即可作最终的选择。

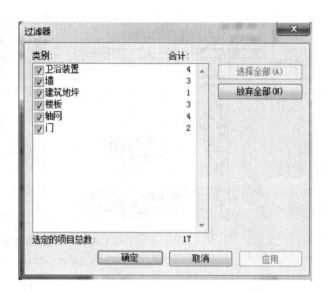

图 2 – 24　过滤器对话框

当有多个对象重叠在一起时，可以通过按键盘的"Tab"键，切换不同的选择对象，并且"Tab"键切换不同选择对象是循环的，可以多次按"Tab"键，改变选择预览，但必须单击鼠标左键后，才能最终作出选择。

6. 构造选择集的方式选择图元

在 Revit Architecture 中作了选择集后，可以将选择集进行保存。在选择了对象之后，可以看到 Revit Architecture 菜单自动切换到"修改|对象"上下文选项卡中，单击"保存"工具，弹出"保存选择"对话框，如图 2 – 25 所示，在名称栏内输入名称，单击"确定"，即可保存选

图 2 – 25　选择集的保存

择集，当然，也可以利用过滤器，优化选择图元的类别，达到创建合适选择集的目的。

如果要应用某一选择集，点击菜单中的"管理\载入选定项目"，弹出"恢复过滤器"对话框，如图 2 – 26 所示，刚才所作的选择集已保存在这里，单击已命名的选择集，"确定"，选择集中的对象又被选中，利用选择集，使我们在编辑对象时作快速选择。当然，我们也可以通过"管理\编辑选定项目"，打开"过滤器"对话框，对选择集进行重命名、删除和编辑等操作。

2.2.2　修改、编辑工具

实训：熟悉 Revit Architecture 基本的对

图 2 – 26　恢复过滤器

选择的图元进行修改、移动、复制、镜像、旋转等编辑操作，如图 2 – 27、图 2 – 28 所示。

图 2 – 27　西立面图

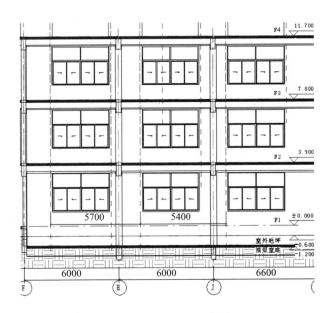

图 2 – 28　fsection 0 视图

操作提示：

1. 视图窗口的操作

打开建工楼项目文件，使用项目浏览器切换至"剖面图"→"section 0"视图。打开"立面"→"西立面"视图。单击"视图"选项卡"窗口"面板中的"平铺"工具，Revit Architecture 将左右并列显示 section 0 视图和立面视图窗口。如图 2 – 29 所示。

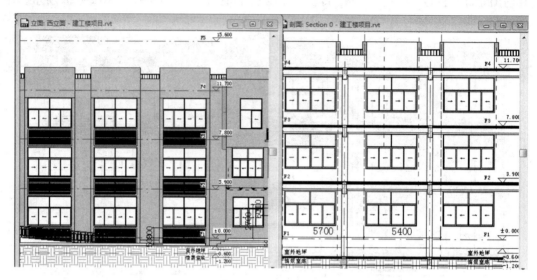

图 2-29 平铺窗口

2.修改窗户属性

激活 section 0 剖面视图窗口，单击选择左侧窗图元，Revit Architecture 将自动切换至与窗图元相关的"修改|窗"上下文选项卡。注意"属性"面板与自动切换为所选择窗相关的图元实例属性，如图 2-30 所示，在选择器中，显示了当前所选择的窗图元的族名称为"组合窗 – 双层单列 – 上部双扇"，其类型名称为"C4 – 3600 ×2400"。

单击"属性"面板的"类型选择器"下拉列表，该列表中显示了项目中所有可用的窗族及族类型。如图 2 – 30 所示，Revit Architecture 以灰色背景显示可用窗族名称，以不带背景色的名称显示该族包含的类型名称。在列表中单击选择"1500 ×2100"类型的门，该类型属于"组合窗 – 双层单列（固定 + 推拉）"族。Revit Architecture 在西立面视图和剖面 0 视图中，将窗修改为新的窗样式。

3.删除操作

按下 Ctrl 键，选择

图 2-30 修改窗属性

F1 层Ⓗ、Ⓙ、Ⓚ轴线间的窗户以及 F3 层的窗户，单击键盘"Delete"键或单击"修改|窗"上下文选项卡"修改"面板中的删除工具"✖"，删除所选择的窗户。

4. 复制操作

在剖面 0 视图中选择Ⓕ~Ⓗ轴线间窗图元，Revit Architecture 自动切换至"修改|选择多个"上下文选项卡。在"修改"面板中选择"复制"工具，鼠标指针将变为"⟲﹢"。勾选选项栏中的"约束"选项，如图 2–31 所示，鼠标指针移至Ⓕ轴线间的窗顶平面左侧顶点位置，Revit Architecture 将自动捕捉交点，单击鼠标左键，该位置作为复制基点，向右移动鼠标指针，Revit Architecture 给出鼠标指针当前位置与复制基点间距离的临时尺寸标注，键盘输入 5700，单击鼠标左键，Revit Architecture 将复制所选择的窗至新的位置。

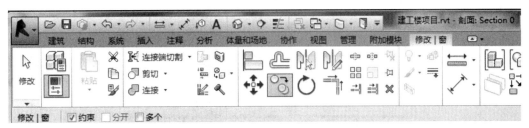

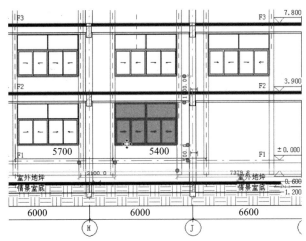

图 2–31　复制命令

5. 阵列操作

放弃上述操作，选择左侧的窗户，单击"修改|窗"上下文选项卡"修改"面板中的"阵列"工具，进入阵列编辑模式，鼠标指针变为"⟲﹋"。如图 2–32 所示，设置选项栏阵列方式为"线性"，勾选"成组并关联"选项，设置"项目数"为 3，设置"移动到"为"第二个"，勾选"约束"选项。

鼠标指针移至Ⓕ轴线间的窗顶平面左侧顶点位置，Revit Architecture 将自动捕捉该交点，单击鼠标左键，确定为阵列基点，向右移动鼠标指针，Revit Architecture 给出鼠标指针当前位置与阵列基点间距离的临时尺寸标注，键盘输入 5700 作为阵列间距，按键盘确认。结果如图 2–33 所示。

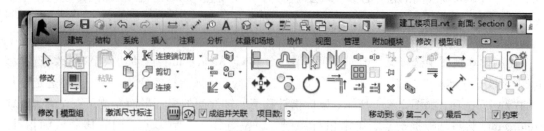

图2-32 阵列选项卡

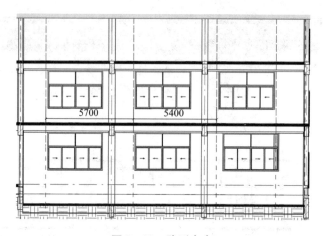

图2-33 阵列命令

6. 移动操作

用移动命令修改阵列产生的Ⓙ轴线右侧窗的位置,选择F1层右侧窗户,单击"修改|窗"上下文选项卡面板中的"移动"工具,进入移动编辑状态,鼠标指针变为"⬚"。选项栏中仅勾选"约束"选项,如图2-34所示。

图2-34 移动选项卡

移动鼠标指针Ⓙ轴线右侧窗窗户左上角点位置,Revit Architecture将自动捕捉窗图元的端点,单击鼠标左键,该位置作为窗移动的参照基点。向右移动鼠标,Revit Architecture将显示临时尺寸标注,提示鼠标当前位置与参照基点的距离,使用键盘输入300作为移动的距离,按键盘"Enter"键确认输入。由于勾选了选项栏中的"约束"选项，因此 Revit Architecture 仅允许在水平或垂直方向移动鼠标。

7. 对齐操作

采用对齐操作来修改阵列产生Ⓙ轴线右侧的窗的位置，放弃移动操作，单击"修改"选项卡"编辑"面板中的"对齐"工具，进入对齐编辑模式，鼠标指针变为"↖"。取消勾选选项栏的"多重对齐"选项。

移动鼠标指针至Ⓙ轴线右侧窗户的参照平面位置，单击鼠标左键，Revit Architecture 将在该处位置处显示蓝色参照平面；移动鼠标指针至右侧窗，如图 2-35 所示，Revit Architecture 会自动捕捉窗的对齐参考位置，再次单击鼠标左键。

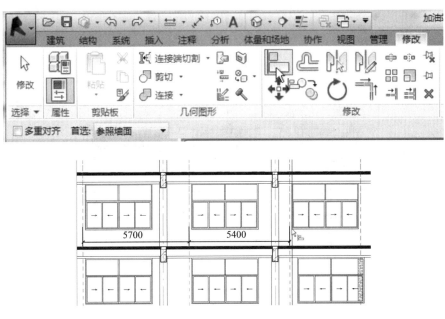

图 2-35　对齐操作

提示：使用对齐工具对齐至指定位置后，Revit Architecture 会在参照位置处给出锁定标记，单击该标记"🔓"，Revit Architecture 将在图元间建立对齐参数关系，同时锁定标记变为"🔒"。当修改具有对齐关系的图元时，Revit Architecture 会自动修改与之对齐的其他图元。

8. 剪贴板操作

选择 F2 层的窗，单击"剪贴板"面板中的"复制至剪贴板"工具"📋"，将所选择图元复制至 Windows 剪贴板。单击"剪贴板"面板中的"对齐粘贴"，弹出对齐粘贴下拉列表，在列表中选择"与选定标高对齐"选项，如图 2-36 所示。

弹出"选择标高"对话框，如图所示，在标高列表中单击选择"F3"，单击"确定"按钮退出"选择标高"对话框。Revit Architecture 将复制二楼所选窗图元至三楼相同位置，按键盘 Esc 键退出选择集，结果如图 2-37 所示。

9. 镜像操作

运用镜像命令完成建工楼卫生间的卫生隔断以及洗手脸盆的操作，切换至"修改"选项

图 2-36 剪贴板操作

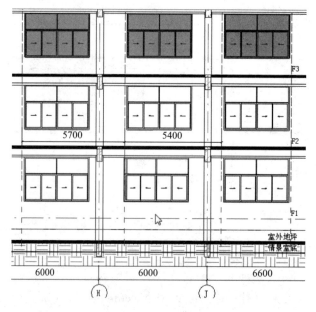

图 2-37 修改窗属性

卡，单击"修改"面板中的"镜像——拾取轴"工具，如图 2-38 所示。Revit Architecture 进入镜像修改模式，鼠标指针变为"⥾"。

按下 Ctrl 键，选择建工楼卫生间的卫生隔断以及洗脸盆，按键盘空格键或回车键确认已完成图元选择，Revit Architecture 自动切换至"修改|卫浴装置"上下文选项卡。确保选项栏中已勾选"复制"选项，如图 2-39 所示，该选项表示 Revit Architecture 在镜像时将复制原图元。

移动鼠标指针 Revit Architecture 将自动捕捉⑩轴线，单击鼠标左键，将以该墙中心线为镜像轴，在右侧盥洗间墙体上复制生成所选择的卫浴装置。按 Esc 键退出选择集。

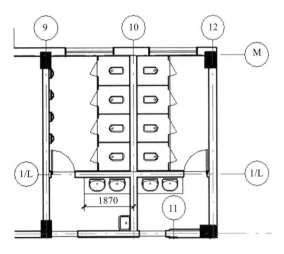

图 2 − 38　建工楼卫浴装置图

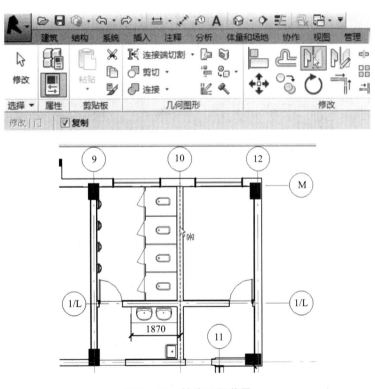

图 2 − 39　镜像卫浴装置

　　如果视图中无合适的作为镜像轴的图元对象，可以使用"镜像——绘制轴"的方式，该选项允许用户手动绘制镜像的轴。

　　总结：在 Revit Architecture 中，对于移动、复制、阵列等编辑工具，可以同时操作一个或多个图元。这些编辑工具允许用户先选择图元，在上下文选项卡中单击对应的编辑工具对图元进行编辑；也可以先选择要执行的编辑工具，再选择需要编辑的图元，完成选择后，必须按键盘空格键或回车键确认完成选择，才能实现对图元的编辑和修改。

当 Revit Architecture 的编辑工具处于运行状态时，鼠标指针通常将显示为不同形式的指针样式，提示用户当前正在执行的编辑操作。任何时候，用户都可以按键盘 Esc 键退出图元编辑模式，或在视图空白处单击鼠标右键，在弹出的菜单中选择"取消"选项，即可取消当前编辑操作。

在 Revit Architecture"选项"对话框的"用户界面"选项卡中，可以指定选项卡的显示行为。如图 2 - 40 所示，可以指定在选择对象时是否显示上下文选项卡。也可以分别指定取消选择集后 Revit Architecture 自动切换至操作前的选项卡或停留在修改选项卡上。

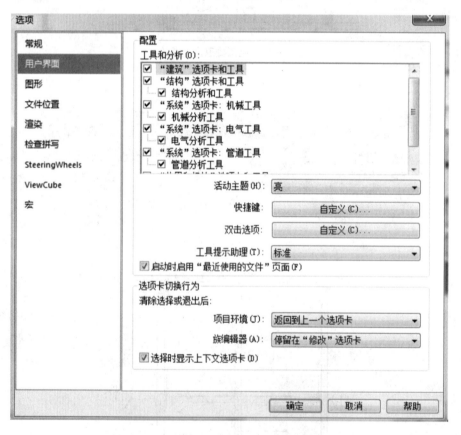

图 2 - 40　选项\用户界面——选项卡切换行为

在 Revit Architecture 中进行操作时，为防止操作过程中发生计算机断电等意外造成工作丢失，当操作达到一定时间时，Revit Architecture 会弹出如图 2 - 41 所示的"最近没有保存项目"对话框，可以选择"保存项目"，立即保存当前项目；或选择"保存项目并设置提醒间隔"，则 Revit Architecture 除保存项目外，还将打开"选项"对话框，并在该对话框中设置提醒用户保存项目的时间；也可以选择"不保存文件用设置提醒间隔"或直接单击"取消"按钮，不保存目前已经对项目的修改。

2.2.3　使用临时尺寸标注

实训：如何用临时尺寸标注对图元进行定位。熟悉临时尺寸标注的应用及设置。

在 Revit Architecture 中选择图元时，Revit Architecture 会自动捕捉该图元周围的参照图元，如墙体、轴线等，以指示所选图元与参照图元间的距离。Revit Architecture 的临时尺寸标注在设计时对于快速定位、修改构件图元的位

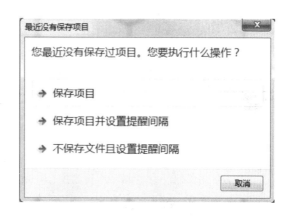

图 2 – 41　保存提示对话框

置非常有用。在 Revit Architecture 中进行设计时，绝大多数情况下，都将使用临时尺寸标注修改临时尺寸标注值的方式精确定位图元，所以掌握临时尺寸标注的应用及设置至关重要。

1. 认识临时尺寸标注

打开建工楼项目文件，切换至一层平面视图，适当缩放④～⑥轴间视图，选择Ⓒ轴线上④～⑥轴间编号为 C2 – 1 的窗，Revit Architecture 将在窗洞口两侧与最近的墙表面间显示尺寸标注，如图 2 – 42 所示。由于该尺寸标注仅在选择图元时才会出现，所以称为临时尺寸标注。每个临时尺寸两侧都具有拖曳操作夹点，可以拖曳改变临时尺寸线的测量位置。

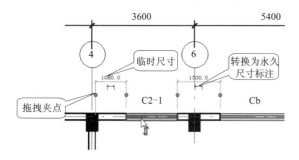

图 2 – 42　用临时尺寸标注窗户

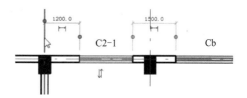

图 2 – 43　拖曳临时尺寸夹点至轴线位置

2. 拖曳夹点改变尺寸线的标注位置的操作

移动鼠标指针至窗左侧临时尺寸标注④轴线墙处，拖曳夹点，按住鼠标左键不放，向左拖动鼠标至④号轴线附近，Revit Architecture 会自动捕捉至④号轴线，松开鼠标左键，则临时尺寸将显示为窗洞口边缘与④轴线间距离，如图 2 – 43 所示。

3. 修改临时尺寸数值定位窗的位置操作

保持窗图元处于选择状态。单击窗左侧与④号轴线的临时尺寸值 1200，Revit Architecture 进入临时尺寸值编辑状态，通过键盘输入 900，如图 2 – 44 所示。按键盘回车键确认输入，Revit Architecture 将向左移动窗图元，使窗与④号轴线间的距离为 900。注意窗洞口右侧与⑥轴线墙间临时尺寸标注值也会修改为正确的新值。

提示：在修改临时尺寸标注时，除直接输入距离值之外，还可以输入"＝"号后再输入公式，由 Revit Architecture 自动计算结果。例如，输入"＝300 * 2 + 400"，Revit Architecture 将

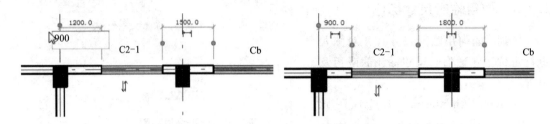

图 2-44　通过修改临时尺寸改变窗位置

自动计算出结果为"1000"，如图 2-45 所示，并以该结果修改所选图元与参照图元间的距离。

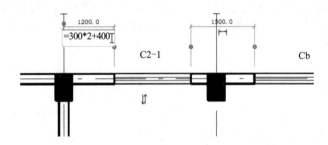

图 2-45　公式计算修改临时尺寸改变窗位置

4. 临时尺寸转换为永久尺寸的操作

分别单击窗左右两侧临时尺寸线上方的"转换为永久尺寸标注"符号，如图 2-46 所示，Revit Architecture 将按临时尺寸标注显示的位置转换为永久尺寸标注，按 Esc 键取消选择集，尺寸标注将依然存在。

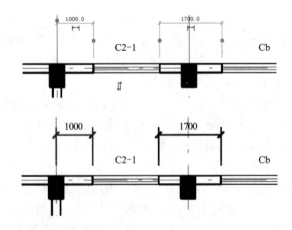

图 2-46　临时尺寸转换成永久尺寸

5. 临时尺寸的有关属性操作

（1）选择该窗，窗两侧临时尺寸标注再次出现，注意临时尺寸标注仍捕捉到窗边至墙边。在视图空白处单击鼠标左键，取消选择集，临时尺寸标注将消失。

（2）修改临时尺寸捕捉构件的默认位置。

切换至"管理"选项卡，单击"项目设置"面板中的"其他设置"下拉菜单，选择"临时尺寸标注"，. Revit Architecture 弹出"临时尺寸标注属性"对话框，如图 2－47 所示。该项目中临时尺寸标注在捕捉墙时默认会捕捉到墙面。单击墙选项中的"中心线"，将临时尺寸标注设置为捕捉墙中心线位置，其他设置不变，单击"确定"按钮，退出"临时尺寸标注属性"对话框。

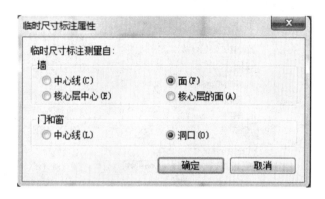

图 2－47　临时尺寸标注属性设置

再次选择Ⓒ轴④～⑥轴线间编号为 C2－1 的窗图元，Revit Architecture 将显示窗洞口边缘距两侧墙中心线的距离，如图 2－48 所示。

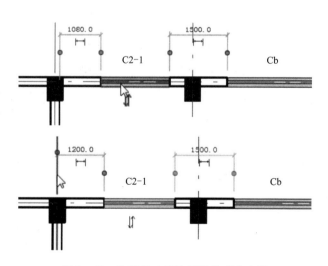

图 2－48　临时尺寸标注属性改成中心线

（3）临时尺寸标注外观的设置。

使用高分辨率显示器时，如果感觉 Revit Architecture 显示的临时尺寸标注文字显示较小，可以设置临时尺寸文字字体的大小,以方便阅读。打开"选项"对话框,切换至"图形"选项卡,在"临时尺寸标注文字外观"栏中,可以设置临时尺寸的字体尺寸及文字背景是否透明,如图 2 - 49 所示。

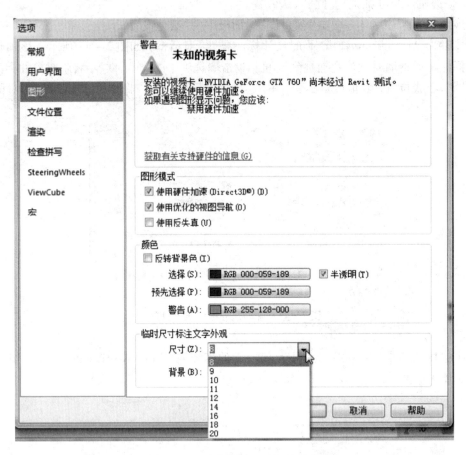

图 2 - 49 改变临时尺寸标注外观

学习单元 3　标高和轴网的创建和编辑

任务 3.1　创建和编辑标高

在 Revit Architecture 中，标高与轴网是建筑构件在立、剖面和平面视图中定位的重要依据，是建筑设计重要的定位信息，事实上，标高和轴网是在 Revit Architecture 平台上实现建筑、结构、机电全专业间三维协同设计的工作基础与前提条件。

在 Revit Architecture 中设计项目，可以从标高和轴网开始，根据标高和轴网信息建立墙、门、窗等模型构件；也可以先建立概念体量模型，再根据概念体量生成标高、墙、门、窗等三维构件模型，最后再加轴网、尺寸标注等注释信息，完成整个项目。两种方法殊途同归，本书将以第一种方法完成建工实训基地楼项目，这符合国内绝大多数建筑设计院的设计流程。本章将介绍如何创建项目的标高和轴网定位信息，并对标高和轴网进行修改。

在 Revit Architecture 中创建模型时，遵循"由整体到局部"的原则，从整体出发，逐步细化。需要注意的是，在 Revit Architecture 中工作时，建议读者都遵循这一原则进行设计，在创建模型时，不需要过多考虑与出图相关的内容，而是在全部创建完成后，再完成图纸工作。

平面图中，每一个窗户、门、阳台等构件的定位都与轴网、标高息息相关，轴网用于反映平面上建筑构件的定位情况；立面图中，标高用于反映建筑构件在高度方向上的定位情况。

建议：先创建标高，再创建轴网。

3.1.1　创建标高

实训：以建工楼为例，建立建工楼的标高网以完成建工楼模型的高度方向的定位情况。

操作提示：

一、标高的概念

在 Revit Architecture 中开始建模前，应先对项目的层高和标高信息做出整体规划。在建立模型时，Revit Architecturc 将通过标高确定建筑构件的高度和空间位置。

标高用于反映建筑构件在高度方向上的定位情况，是在空间高度上相互平行的一组平面，由标头和标高线组成，反映了标高的标头符号样式、标高值、标高名称等信息。标高线反映标高对象投影的位置和线型表现；标高簇，实例参数"立面"和"名称"分别对应标高对象的高度值和标高名称如图 3-1 所示。

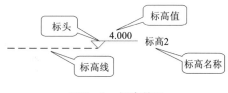

图 3-1　标高符号

二、创建标高

准备工作：读者可查看给出的建工实训基地项目图纸，以理解建工实训基地项目中标高的分布情况。如图3-2建工实训基地标高线

1. 新建项目文件以及设置项目单位

（1）新建项目文件：启动 Revit Architecture，默认将打开"最近使用的文件"页面。单击左上角的"应用程序菜单"按钮，在列表中选择"新建""项目"命令，弹出"新建项目"话框如图3-3，选择某一个项目样板文件为模板，新建项目文件项目。

（2）设置项目单位：默认将打开 F1 楼层平面视图。切换至"管理"选项，单击"设置"面板中的"项目单位"工具，打开"项目单位"对话框，如图3-4所示，注意当前项目中"长度"单位为 mm，面积单位为 m^2，单击"确定"按钮退出"项目单位"对话框。

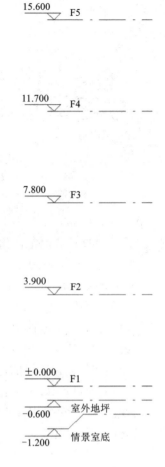

图3-2 建工实训基地标高线

图3-3 新建项目对话框

图3-4 新建项目对话框

提示：项目的默认单位由项目所采用的项目样板决定。单击格式中各种单位后的按钮，可以修改项目中该类别的单位格式。

2.修改南立面视图默认标高值

在项目浏览器中展开"立面"视图类别，双击"南立面"视图名称，切换至南立面视图。在南立面视图中，显示项目样板中设置的默认标高 F1 与 F2，且 F1 标高为 ±0.000 m，F2 标高为 3.000 m。

（1）使用视图右侧导航栏中的"区域放大"工具 🔍，在视图中适当放大标高左侧标头位置，单击 F2 标高线选择该标高，如图 3-5 所示，标高 F2 将高亮显示。

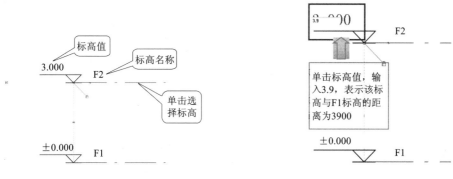

图 3-5　选择的标高高亮显示　　　　图 3-6　修改标高值

（2）移动鼠标指针至标高 F2 标高值位置，单击标高值，进入标高值文本编辑状态。如图 3-6 所示，按键盘 Delete 键，删除文本编辑框内的数字，输入 3.9，按回车键确认输入，Revit Architecture 将向上移动 F2 标高至 3.9 m 位置，同时该标高与 F1 标高的距离为 3900。平移视图，观察标高 F2 右侧标头的标高值同时被修改。

提示：在样板中，已设置标高的对象，其标高值的单位为 m，因此在标高值处输入"3.9"时，Revit Architecture 将自动换算为项目单位 3900 mm。

3.创建标高

（1）创建基准面以上的标高

①确认绘制标高的方式：如图 3-7 所示，单击"建筑"选项卡"基准"面板中的"标高"工具，进入放置标高模式，Revit Architecture 自动切换至"修改|放置标高"上下文选项卡。点击"绘制"面板中标高的生成方式为"直线" ✏，确认选项栏中已勾选"创建平面视图"选项，设置偏移量为 0。

②创建与标高同名的楼层平面视图：单击选项栏中的"平面视图类型"按钮，打开"平面视图类型"对话框，如图 3-8 所示。在视图类型列表中选择"楼层平面"，单击"确定"按钮退出"平面视图类型"对话框。

提示：平面视图类型分为天花板平面视图、楼层平面视图与结构平面视图。按住 Ctrl 键可以在视图列表中进行多重选择，此时，可以同时创建多种类型的视图。

③选择标高的类型：如图 3-9 所示，单击"属性"面板中的类型选择器列表，在弹出的列表中将显示当前项目中所有可用的标高类型。移动鼠标指针至"上标头"处单击，将"上标头"类型设置为当前类型。

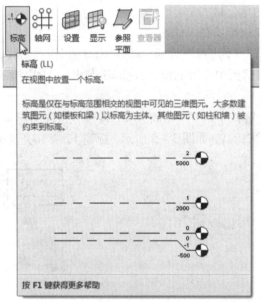

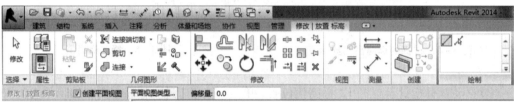

图 3 – 7　直线方式绘制标高

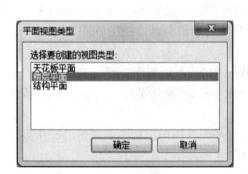

图 3 – 8　平面视图类型

图 3 – 9　标高类型属性

④绘制标高：移动鼠标指针至标高 F2 上方任意位置，鼠标指针将显示为绘制状态，并在指针与标高 F2 间显示临时尺寸标注，指示指针位置与 F2 标高的距离（注意临时尺寸的长度单位为 mm）。移动鼠标，当指针位置与标高 F2 端点对齐时，Revit Architecture 将捕捉已有标高端点并显示端点对齐蓝色虚线，如图 3 – 10 所示。单击鼠标左键，确定为标高起点。

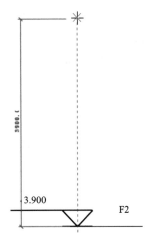

沿水平方向向右移动鼠标，在指针和起点间绘制标高。适当缩放视图，当指针移动至已有标高右侧端点位置时，Revit Architecture 将显示端点对齐位置，单击鼠标左键完成标高绘制。Revit Architecture 自动命名该标高为 F3，并根据与标高 F2 的距离自动计算标高值。按键盘 Esc 键两次退出标高绘制模式。注意观察项目浏览器中，楼层平面视图中将自动建立 F3 楼层平面视图。

图 3 – 10　绘制标高起点

⑤确定标高的位置：单击选择上一步中绘制的 F3 标高，Revit Architecture 在标高 F3 与 F2 之间显示临时尺寸标注。修改临时尺寸标注值为 3900，按回车键确认。Revit Architecture 将自动调整标高 F3 的位置，同时自动修改标高值为 7.8 m，结果如图 3 – 11 所示。选择标高 F3 后，可能需要适当缩放视图，才能在视图中看到临时尺寸线。

图 3 –11　修改临时尺寸调整标高

⑥复制生成其他标高：选择标高 F3，Revit Architecture 自动切换至"修改 | 标高"选项卡，单击"修改"面板中的"复制"工具，勾选选项栏中的"多个"选项，如图 3 – 12 所示。

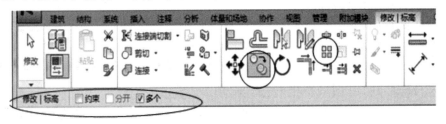

图 3 –12　修改选项栏

单击标高 F3 上任意一点作为复制的基点，向上移动鼠标，使用键盘输入 3900 并按回车键确认，作为第一次复制的距离，Revit Architecture 将自动在标高 F3 上方 3900 mm 处复制生成新标高，并自动命名为 F4；继续向上移动鼠标指针，输入 3900 按回车键确认，Revit Architecture 将在 F4 上方 3900 mm 处生成新标高，并自动命名为 F5。按 Esc 键完成复制操作，结果如图 3 - 13 所示，Revit Architecture 将自动计算标高值。

也可以采用阵列形式生成其他标高。

提示：注意到标高 F4、F5 和标高 F3 的区别了吗？注意观察项目浏览器楼层平面视图列表中，并未生成 F4、F5 标高的楼层或天花板平面视图，Revit Architecture 以黑色标高标头指示没有生成平面视图类型的标高。可以随时为标高创建对应的平面视图类型。

（2）基准面以下的标高

①确定标高绘制方式以及设置标高属性：单击"建筑"选项卡"基准"面板中的"标高"工具，切换至"修改 | 放置标高"上下文选项卡，确认绘制方式为"直线"，勾选选项栏中的"创建平面视图"选项。单击"属性"面板中的类型选择器，在列表中单击标高类型为"下标头"，确认绘制方式为"直线"，如图 3 - 14 所示。

②绘制标高：如图 3 - 15 所示，移动鼠标指针至标高 F1 左下角，将在当前指针位置与 F1 标高之间显示临时尺寸，当指针捕捉至标高 F1 左端点对齐位置时，直接通过键盘输入"600"并按回车键确认，Revit Architecture将距标高 F1 下方 600 mm 处位置确定为标高的起点，向右移动鼠标指针，直到捕捉到 F1 标高右侧标头对齐位置时，单击鼠标左键完成标高绘制。Revit Architecture 将以"下标头"形式生成该标高，自动命名为 F6，如图 3 - 15 所示，并为该标高生成名称为"F6"的楼层平面视图。完成后按键盘 Esc 键两次，退出绘制模式。

提示：Revit Architecture 将自动按上次绘制的标高名称编号累加 1 的方式自动命名新建标高。

③修改标高名称：选择上一步中绘制的标高 F6，自动切换至"修改 | 标高"上下文选项卡。如图 3 - 16 所示，注意"属性"对话框中的"立面"值为 -600，表示该标高的标高值（注意单位为 mm）；修改"名称"为"室外地坪"。单击"应用"按钮，应用该名称。

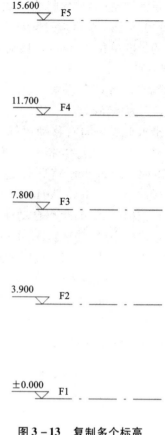

图 3 - 13　复制多个标高

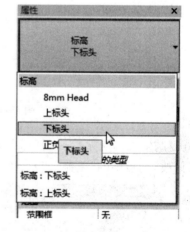

图 3 - 14　下标头绘制 ±0.000 以下标高

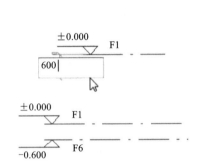

图 3 – 15　下标头绘制 ± 0.000 以下标高　　　　　图 3 – 16　修改视图名称

提示：当鼠标指针离开"属性"面板时，Revit Architecture 会自动应用所设置的参数值。在属性面板中，"计算高度"值用于确定计算该标高位置的房间体积时，以偏移该标高的值作为房间面积的计算位置。

④修改视图名称：弹出"是否希望重命名相应视图"对话框，如图 3 – 16 所示，单击"是（Y）"按钮，Revit Architecture 将修改"F6"楼层平面视图名称为"室外地坪"。

提示：选择标高，单击标高名称文字，进入文本编辑状态，直接输入标高名称并按回车键，同样可以实现标高名称的修改，其效果与在实例属性中修改"名称"参数相同。Revit Architecture 不允许出现相同标高名称。

⑤改善标高显示效果：绘制情景室地坪标高 – 1.200 m，并改名为"情景室底"。但注意到由于情景室底标高线与室外地坪标高线距离较近，可以单击情景室底标高线上的"添加弯头"符号，以改善显示效果，如图 3 – 17 所示。

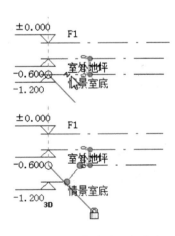

4. 保存标高项目文件

单击"应用程序菜单"按钮，在菜单中选择"保存"选项，弹出"另存为"对话框中，指定保存位置并命名，

图 3 – 17　给标高线添加弯头

单击"保存"按钮,将项目保存为 rvt 格式的文件。标高绘制结果可参见光盘中的文件。

第一次保存项目时,Revit Architecture 会弹出"另存为"对话框。保存项目后,再单击"保存"按钮,将直接按原文件名称和路径保存文件。在保存文件时,Revit Architecture 默认将为用户自动保留 3 个备份文件,以方便用户找回保存前的项目状态。Revit Architecture 将自动按 filename.001.rvt、filename.002.rvts filename.003.rvt 的文件名称保留备份文件。

可以设置备份文件的数量。在"另存为"对话框中,单击右下角的"选项"按钮,弹出"文件保存选项"对话框,如图 3 - 18 所示,修改"最大备份数",设置允许 Revit Architecture 保留的历史版本数量。当保存次数达到设置的"最大备份数"时,Revit Architecture 将自动删除最早的备份文件。

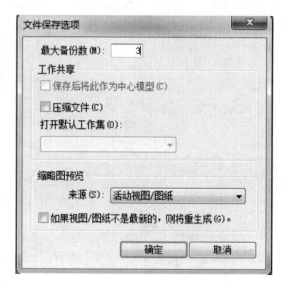

图 3 - 18   文件保存选项

在"文件保存选项"对话框中,在"预览"栏中还可以设置所保存的 RVT 项目文件中生成的预览视图。默认选项为项目当前的活动视图或图纸。保存预览视图后,在 Windows7 资源管理器中使用"中等图标"或以上模式时,可以看到该项目保存的预览缩略图,如图 3 - 19 所示。

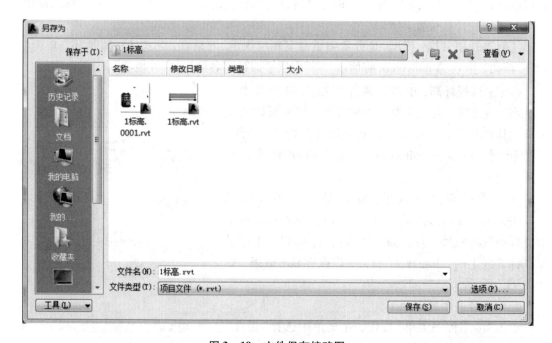

图 3 - 19   文件保存缩略图

3.1.2　编辑标高

实训：如何进行标高的有关设置操作。

操作提示：

1. 标高属性有关参数设置

选择任意一根标高线，单击"属性"面板的"编辑类型"，打开"类型属性"对话框，对标高显示参数进行编辑操作。（如图 3 - 20 所示）

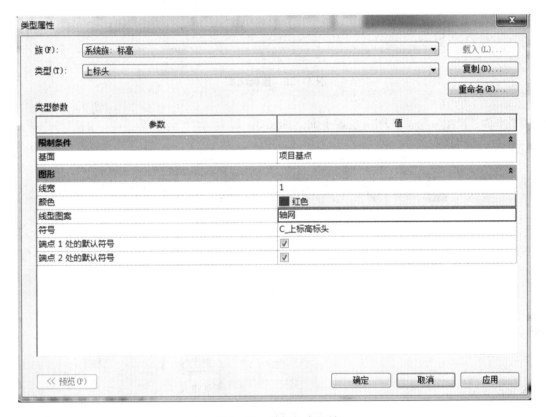

图 3 - 20　编辑标高属性

2. 编辑标高操作

选择任意一根标高线，会显示临时尺寸、一些控制符号和复选框（如图 3 - 21 所示），可以编辑其尺寸值、单击并拖拽控制符号可整体或单独调整标高标头位置、控制标头隐藏或显示、标头偏移等操作。

说明：

2D/3D 切换，如果处于 2D 状态，则表明所做修改只影响本视图，不影响其他视图；如果处于 3D 状态，则表明所做修改会影响其他视图；

标头对齐设置：表明所有的标高会一致对齐；

3. 阵列、复制的标高生成对应的楼层平面操作

阵列复制的标高是参照标高，不会创建楼层平面，标头是黑色显示，需要进一步手动创

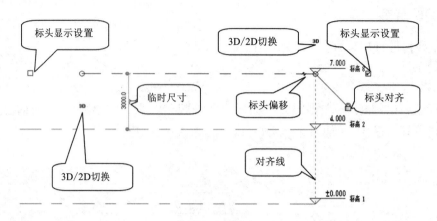

图 3 – 21　编辑标高

建楼层平面：视图 – 平面视图 – 楼层平面。如图 3 – 22 所示。

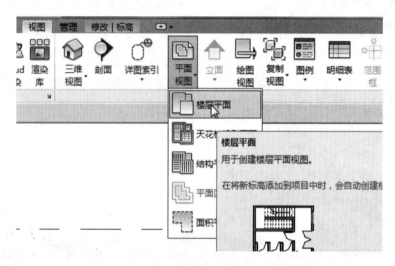

图 3 – 22　编辑方式创建标高时创建楼层平面

任务 3.2　创建和编辑轴网

3.2.1　创建轴网

实训：创建和编辑建工楼的轴网的创建，如图 3 – 23。

轴网用于在平面视图中定位项目图元，标高创建完成后，可以切换至任意平面视图(如楼层平面视图)来创建和编辑轴网。

操作提示：

在 Revit Architecture 中，创建轴网的过程与创建标高的过程基本相同，其操作也一致。

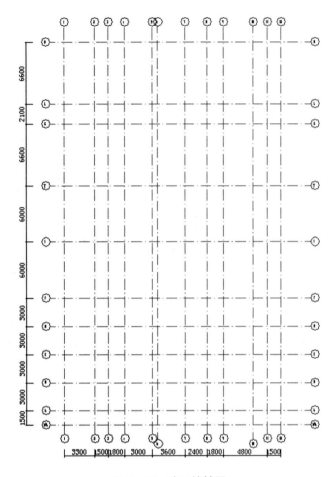

图 3 – 23　建工楼轴网

（1）打开 F1 楼层平面视图。

打开"建工楼.rvt"项目文件，切换至 F1 楼层平面视图。楼层平面视图中符号 ⌃ 表示本项目中东、南、西、北各立面视图的位置。

（2）确认绘制轴线的方式：单击"建筑"选项卡"基准"面板中的"轴网"工具，自动切换至"修改|放置轴网"上下文选项卡，进入轴网放置状态。确认属性面板中轴网的类型为"5 mm编号"，绘制面板中轴网绘制方式为"直线" ⟋，确认选项栏中的偏移量为0.0。

（3）绘制第一条轴线：移动鼠标指针至空白视图左下角空白处单击，作为轴线起点，向上移动鼠标指针，Revit Architecture 将在指针位置与起点之间显示轴线预览，并给出当前轴线方向与水平方向的临时尺寸角度标注。当绘制的轴线沿垂直方向时，Revit Architecture 会自动捕捉垂直方向，并给出垂直捕捉参考线。沿垂直方向向上移动鼠标指针至左上角位置时，单击鼠标左键完成第一条轴线的绘制，并自动为该轴线编号为"1"。如图 3 – 24。

提示：确定起点后按住键盘 Shift 键不放，Revit Architecture 将进入正交绘制模式，可以约束在水平或垂直方向绘制。

图 3 - 24　创建轴线

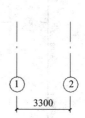

图 3 - 25　创建第 2 条轴线

（4）利用临时尺寸绘制第二条轴线：确认 Revit Architecture 仍处于放置轴线状态。移动鼠标指针至①轴线起点右侧任意位置，Revit Architecture 将自动捕捉该轴线的起点，给出端点对齐捕捉参考线，并在指针与①轴线间显示临时尺寸标注，指示指针与①轴线的间距。键入 3300 并按 Enter 键确认，将在距①轴右侧 3300 mm 处确定为第二条轴线起点，如图 3 - 25 所示，向上移动鼠标绘制第二条轴线。

（5）同样，绘制完成全部垂直方向轴网，如图 3 - 26 所示。

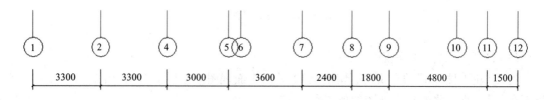

图 3 - 26　创建全部垂直轴线

（6）绘制水平方向的第一条轴线：使用轴网工具，采用与前面操作中完全相同的参数，按图 3 - 27 所示位置沿水平方向绘制第一根水平轴网，Revit Architecture 将自动按轴线编号累加 1 的方式自动命名轴线编号为 13。

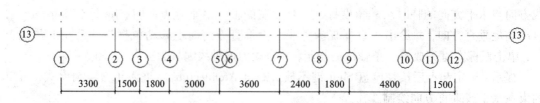

图 3 - 27　创建第 1 条水平轴线

（7）修改水平方向轴线的编号：选择上一步中绘制的水平轴线，单击轴网轴头中轴网编号，进入编号文本编辑状态。删除原有编号值，使用键盘输入 1/A，按键盘回车键确认输入，该轴线编号将修改为 1/A。如图 3 – 28 所示。

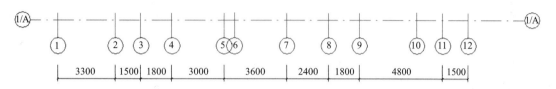

图 3 – 28　创建第 1 条水平轴线

（8）绘制水平方向第二条轴线：确认 Revit Architecture 仍处于轴网绘制状态，在⑭A轴正上方 1500 mm 处，确保轴线端点与⑭A轴线端点对齐，自左向右绘制水平轴线，Revit Architecture 自动为该轴线编号，如果不符合要求，修改为 A。如图 3 – 29 所示。

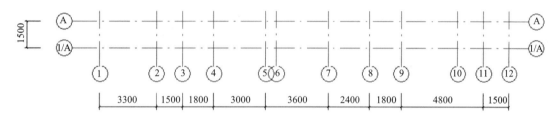

图 3 – 29　创建第 2 条水平轴线

（9）利用阵列命令绘制水平方向轴线：单击 A 号轴线上的任意一点，自动切换至"修改|轴网"上下文选项卡，单击"修改"面板中的"阵列"工具 ⊞，进入阵列修改状态。如图 3 – 30 所示，设置选项栏中的阵列方式为"线性"，取消勾选"成组并关联"选项，设置项目数为 5，移动到"第二个"，勾选"约束"选项。再次在⑭A轴线上任意点单击，作为阵列基点，向上移动鼠标指针直至与基点间出现临时尺寸标注。直接通过键盘输入 3000 作为阵列间距并按键盘回车键确认，Revit Architecture 将向上阵列生成轴网，并按累加的方式为轴网编号，如图 3 – 31 所示。注意：图中为表明各轴线间距，为轴网标注了线性尺寸标注。

图 3 – 30　阵列复制参数设置

（10）采用复制方式绘制其他轴线，完成后如图 3 – 32 所示。

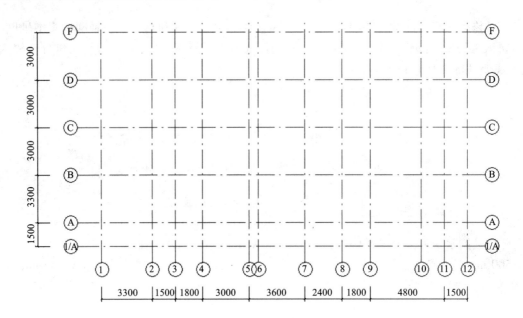

图 3-31 阵列复制 5 条水平轴线

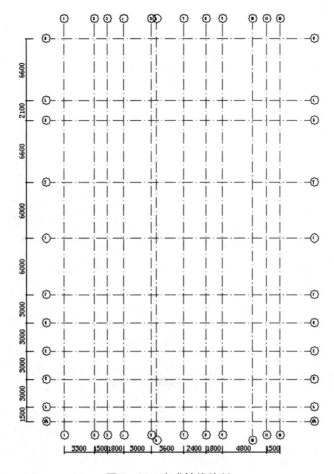

图 3-32 完成轴线绘制

3.2.2　编辑轴网

实训：编辑建工楼轴网，熟悉有关轴网的操作。

Revit Architecture 中轴网对象与标高对象类似，是垂直于标高平面的一组"轴网面"，因此，它可以在与标高平面相交的平面视图（包括楼层平面视图与天花板视图）中自动产生投影，并在相应的立面视图中生成正确的投影。注意，只有与视图截面垂直的轴网对象才能在视图中生成投影。

Revit Architecture 的轴网对象同样由轴网标头和轴线两部分构成，如图 3 – 33 所示。轴网对象的操作方式与标高对象基本相同，可以参照标高对象的修改方式修改、定义 Revit Architecture 的轴网。

操作提示：

（1）轴网参数的认识。

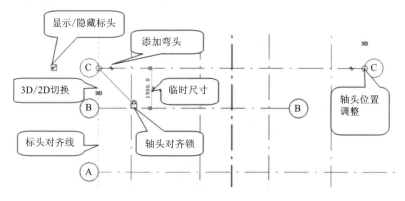

图 3 – 33　轴网参数

（2）轴线的 3D 与 2D 状态的操作，如图 3 – 34、3 – 35。

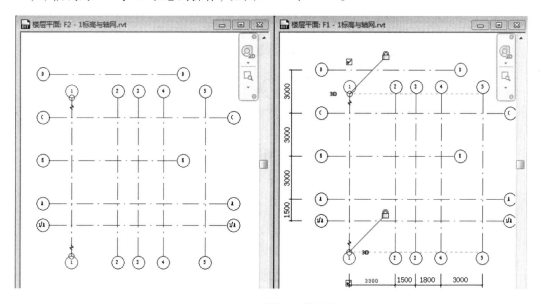

图 3 – 34　轴线 3D 的操作

打开建工楼标高与轴网项目文件,打开 F1 楼层平面图以及 F2 楼层平面图,点击视图选项卡,平铺楼层 F1 平面视图与楼层 F2 平面视图窗口。拖拽轴头位置方式修改轴线的长度,在 3D 状态下修改 F1 轴线的长度,楼层平面 F2 对应的轴线①的长度也发生了变化。

单击 3D 符号,切换到 2D 状态,拖拽轴头位置方式修改轴线的长度,在 2D 状态下修改 F1 轴线的长度,楼层平面 F2 对应的轴线①的长度,没有发生相应的变化。

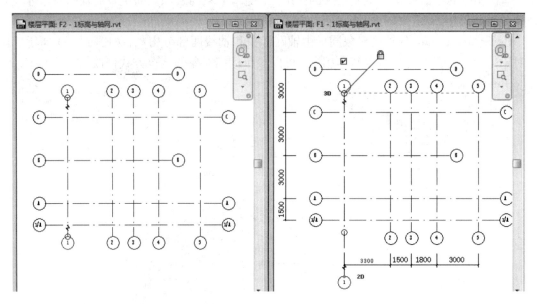

图 3 - 35   轴线 2D 的操作

2D 状态下,修改轴线的长度等于是修改了轴线在当前视图的投影长度,并没有影响轴线的实际长度,3D 状态下修改轴线的长度,事实上是修改了轴线的三维长度,会影响轴网在所有视图中的实际投影。如果想修改 2D 轴网长度影响到其他视图中去,点击鼠标右键,选择重设三维范围。

(3)创建标高与创建轴网不同顺序的区别,如图 3 - 36 所示。

楼层 F1 平面视图窗口最大化,绘制标高 F4 并生成相应的 F4 楼层平面视图。

切换到 F4,在 F4 楼层平面图中并没有生成对应的轴网,原因是轴网的高度没有达到 F4,不能在 F4 上形成轴网的投影,修改轴网的高度达到 F4 就可以在 F4 楼层平面视图中形成轴网的投影。

先绘制标高,再绘制轴网,默认的轴网会通过所有的标高。

(4)编辑建工楼的轴网操作。

轴头处于锁定状态,单击解锁符号,解除与其他轴线的关联状态,对单独的一根根轴线进行编辑,编辑后的轴网如图 3 - 37 所示。

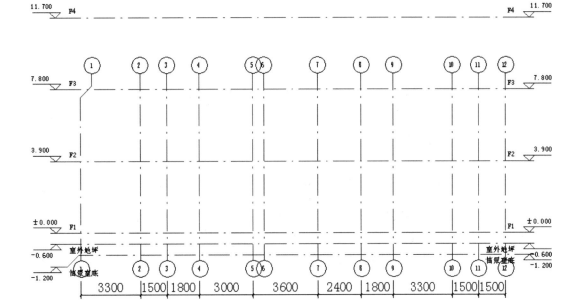

图 3 - 36　创建轴网与创建标高顺序

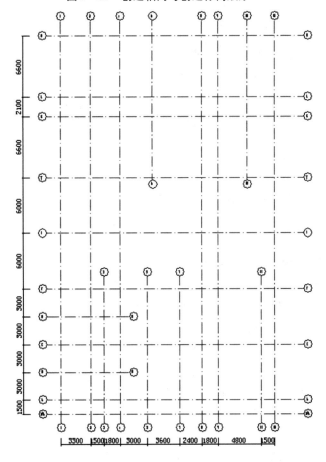

图 3 - 37　编辑后轴网

学习单元4　创建墙

知识准备

墙和墙结构

在 Revit Architecture 中，墙属于系统族。Revit Architecture 共提供 3 种类型的墙族：基本墙、层叠墙和幕墙。所有墙类型都通过这 3 种系统族，以建立不同样式和参数来进行定义。

Revit Architecture 通过"编辑部件"对话框中各结构层的定义，反映墙构造做法。在创建该类型墙时，可以在视图中显示该墙定义的墙体结构，用于帮助设计师仔细推敲建筑细节。

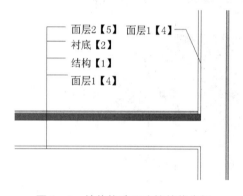

图 4 - 1　墙体构造层连接的优先级

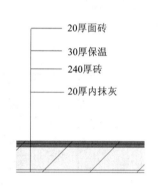

图 4 - 2　图外墙做法

在墙"编辑部件"对话框的"功能"列表中共提供了 6 种墙体功能，即结构[1]、衬底[2]、保温层/空气层[3]、面层 1[4]、面层 2[5]、涂膜层（通常常用于防水涂层，厚度必须为 0），可以定义墙结构中每一层在墙体中所起的作用。功能名称后方括号中的数字，例如"结构[1]"，表示当墙与墙连接时，墙各层之间连接的优先级别。方括号中的数字越大，该层的连接优先级越低。当墙相连接时，Revit Architecture 会试图连接功能相同的墙功能层。但优先级为 1 的结构层将最先连接，而优先级最低的"面层 2[5]"将最后相连。

如图 4 - 1 所示，当具有多层的墙连接时，水平方向墙优先级最高的"结构[1]"功能层将"穿过"垂直方向墙的"面层 1[4]"功能层，连接到垂直方向墙的"结构[1]"层。水平方向墙结构层"衬底[2]"也将穿过垂直方向"面层 1[4]"，直到"结构[1]"层。类似的，垂直方向优先级为 4 的"面层 1 [4]"将穿过水平方向墙"面层 2[5]"，但无法穿过水平方向墙优先级更高的"衬底 [2]"结构层。而在水平方向墙另一侧，由于该墙结构层"面层 1[4]"的优先级与垂直方向结构层"面层 1[4]"的优先级相同，所以将连接在一起。

合理设计墙和功能层的连接优先级，对于正确表现墙连接关系至关重要。请读者思考，如果将垂直方向墙两侧的面层功能修改为"面层 2[5]"，墙连接将变为何种形式呢？

在 Revit Architecture 墙结构中，墙部件包括两个特殊的功能层"核心边界"和"核心结构"，"核心边界"用于界定墙的核心结构与非核心结构，"核心边界"之间的功能层是墙的"核心结构"。所谓"核心结构"是指墙存在的必须条件，例如，砖砌体、混凝土墙体等。"核心边界"之外的功能层为"非核心结构"，如可以是装饰层、保温层等辅助结构。以砖墙为例，"砖"结构层是墙的核心部分，而砖结构层之外的如抹灰、防水、保温等部分功能层依附于砖结构而存在，因此可以称为"非核心"部分。功能为"结构"的功能层必须位于"核心边界"之间。"核心结构"可以包括一个或几个结构层或其他功能层，用于创建复杂结构的墙体。

在 Revit Architecture 中，"核心边界"以外的构造层，都可以设置是否"包络"。所谓"包络"是指墙非核心构造层在断开点处的处理方法。例如，在墙端点部位或当墙体中插入门、窗等洞口时，可以分别控制墙在端点或插入点的包络方式。

任务4.1　创建基本墙

在 Revit Architecture 中，根据不同的用途和特性，模型对象被划分为很多类别，如墙、门、窗、家具等。我们首先从建筑的最基本的模型构件——墙开始。

在 Revit Architecture 中，墙属于系统族，即可以根据指定的墙结构参数定义生成三维墙体模型。Revit Architecture 提供了墙工具，用于绘制和生成墙体对象。在 Revit Architecture 中创建墙体时，需要先定义好墙体的类型，包括墙厚、做法、材质、功能等，再指定墙体的平面位置、高度等参数。

4.1.1　定义和绘制外墙

实训：完成建工楼外墙的绘制，熟悉 Revit Architecture 定义墙的类型以及绘制墙的方法。建工实训基地外墙做法从外到内依次为 20 厚面砖、30 厚保温层、240 厚砖、20 厚内抹灰，如图 4－3 所示。

操作提示：

一、定义墙的类型

在 Revit Architecture 中创建模型对象时，需要先定义对象的构造类型。要创建墙图元，必须创建正确的墙类型。Revit Architecture 中墙类型设置包括结构厚度、墙作法、材质等。

1.定义墙的名称

（1）打开墙工具

打开标高和轴网文件，切换至 F1 楼层平面视图。单击"建筑"选项卡的"构建"面板中的"墙"工具下拉列表，在列表中选择"墙：建筑墙"工具，自动切换至"修改|放置 墙"上下文选项卡，如图 4－4 所示。

在"属性"面板的类型选择器中，选择列表中的"基本墙"族下面的"砖墙 240 mm"类型，以该类型为基础进行墙类型的编辑，如图图 4－5 所示。注意当前列表中共有 3 种族，设置当前族为"系统族：基本墙"，此时类型列表中将显示"基本墙"族中包含的族类型。

（2）定义墙名称

单击"属性"面板中的"编辑类型"按钮，打开墙"类型属性"对话框。单击该对话框中的"复制"按钮，在"名称"对话框中输入"建工楼－砖墙 240－外墙－带饰面"作为新类型名称，

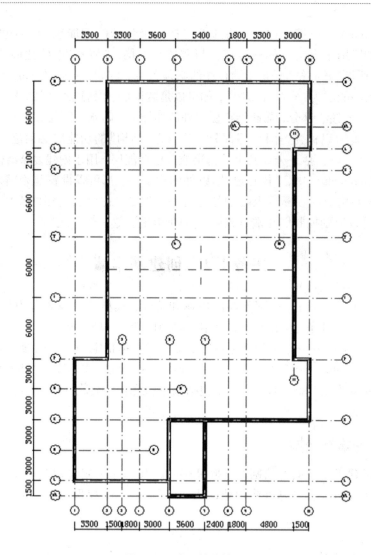

图 4-3　建工楼外墙

图 4-4　选择墙工具

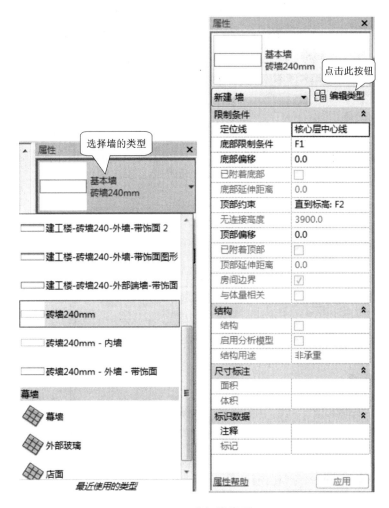

图 4 - 5　选择墙类型

单击"确定"按钮返回"类型属性"对话框，为基本墙族创建名称为"建工楼 - 砖墙 240 - 外墙 - 带饰面"的新类型，如图 4 - 6 所示。

2. 定义墙的各类型参数

在"类型属性"对话框中，除了能够复制类型外，还可以在"类型参数"列表中设置各种参数，如表 4 - 1 所示。

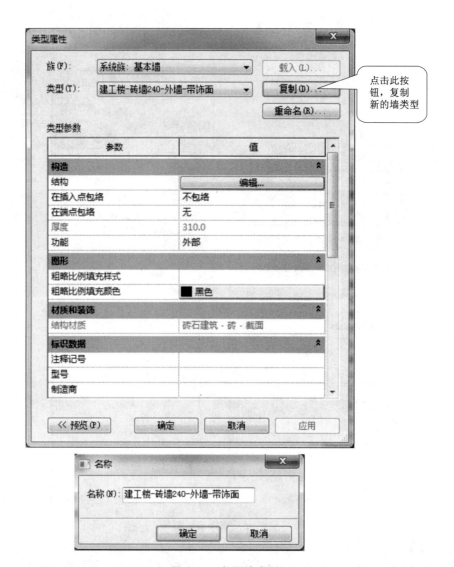

图 4 - 6　复制墙类型

表 4 - 1　【类型属性】对话框中的各个参数以及相应的值设置

参数	值
构造	
结构	单击【编辑】可创建复合墙
在插入点包络	设置位于插入点墙的层包络
在端点包络	设置墙端点的层包络
厚度	设置墙的宽度

续表

参数	值
功能	可将墙设置为"外墙"、"内墙"、"挡土墙"、"基础墙"、"檐底板"或"核心竖井"类别。功能可用于创建明细表以及针对可见性简化模型的过滤，或在进行导出时 使用。创建 gbXML 导出时也会使用墙功能
图形	
粗略比例填充样式	设置粗略比例视图中墙的填充样式会使用墙功能
粗略比例填充颜色	将颜色应用于粗略比例视图中墙的填充样式
材质和装饰	
结构材质	显示墙类型中的设置的材质结构
标识数据	
注释记号	此字段用于放置有关墙类型的常规注释
型号	通常不是可应用于墙的属性
制造商	通常不是可应用于墙的属性

（1）设定功能参数

确认"类型属性"对话框墙体类型参数列表中的"功能"为"外部"，单击"结构"参数后的"编辑"按钮，打开"编辑部件"对话框。

在 Revit Architecture 墙类型参数中，"功能"用于定义墙的用途，它反映墙在建筑中所起的作用。Revit Architecture 提供了外墙、内墙、挡土墙、基础墙、檐底板及核心竖井 6 种墙功能。在管理墙时，墙功能可以作为建筑信息模型中信息的一部分，用于对墙进行过滤、管理和统计。

（2）设定结构参数

①插入新的结构层

墙的构造层如图 4 - 7（a）所示，层列表中，单击"编辑部件"对话框中的"插入"按钮两次，在"层"列表中插入两个新层，新插入的层默认厚度为 0，且功能均为"结构［1］"。墙部件定义中，"层"用于表示墙体的构造层次。"编辑部件"对话框中定义的墙结构列表中从上（外部边）到下（内部边）代表墙构造从"外"到"内"的构造顺序。

②向上移动结构层

单击编号 2 的墙构造层，Revit Architecture 将高亮显示该行。单击"向上"按钮，向上移动该层直到该层编号变为 1，修改该行的"厚度"值为 20。注意其他层编号将根据所在位置自动修改。

③设定结构层的功能

如图 4 - 8 所示，单击第 1 行的"功能"单元格，在功能下拉列表中选择"面层 1［4］"。

④定义结构层的材质

复制选定的材质：单击第 1 行"材质"单元格中的"浏览"按钮，弹出图 4 - 9 所示的"材质浏览器"对话框。在左侧搜索框中输入"瓷砖"，选择下方搜索到的"装饰面砖 - 瓷砖 -

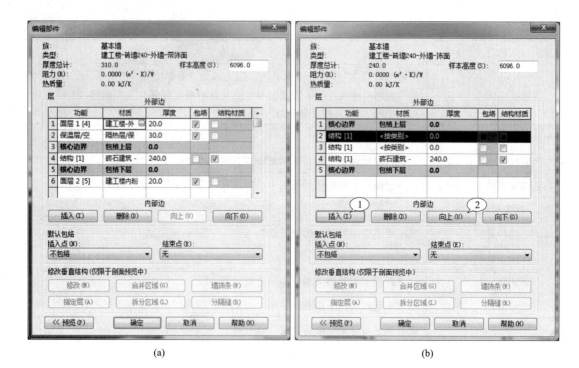

图4-7 定义构造层

外墙"材质,单击下方的"复制"按钮 ,选择"复制选定的材质"选项复制出"装饰面砖-瓷砖-外墙(1)"材质。

材质命名:单击右侧"标识"选项卡,在"名称"文本框中输入为"建工楼-外墙面砖"为材质重命名,如图4-9所示。

选定材质颜色:切换至"图形"选项卡,在"着色"选项组中单击"颜色"色块,在打开的"颜色"对话框中选择"砖红色",单击"确定"按钮完成颜色设置,如图图4-10所示。

确定材质表面填充图案:"表面填充图案"选项组用于在立面视图或三维视图中显示墙表面样式,单击"填充图案"右侧的图案按钮,打开"填充

图4-8 设置功能与厚度

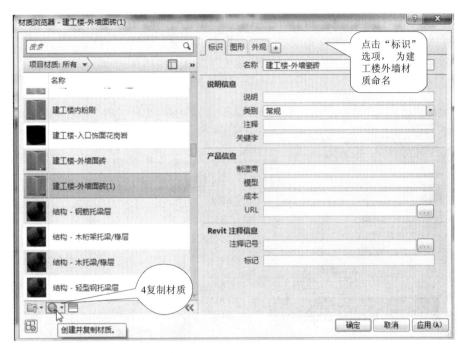

图 4 – 9　选择并复制材质

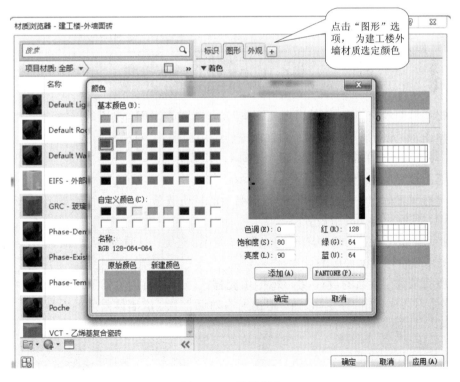

图 4 – 10　设置颜色

样式"对话框。单击"填充图案类型"选项组中的"模型"选项，在下拉列表中单击 Brick 80 × 240 CSR 样式，单击"确定"按钮完成填充图案类型的设置，如图 4－11 所示。"绘图"填充图案类型是跟随视图比例变化而变化，"模型"填充图案类型则是一个固定的值。

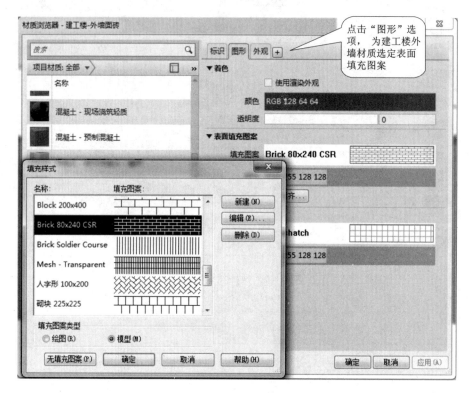

图 4－11　设置表面填充图案

确定材质截面填充图案："截面填充图案"选项组将在平面、剖面等墙被剖切时填充显示该墙层。单击"填充图案"右侧的图案按钮，打开"填充样式"对话框。选择下拉列表中的"斜上对角线"填充图案，单击"确定"按钮，如图 4－12 所示。

设置建工楼材质的外观，如图 4－13 所示。

完成所有设置后，并确定选择的是重命名后的材质选项，单击"确定"按钮，该材质显示在功能层中，其他功能层相应设置。

注意：无论是"属性"面板选择器中的墙体类型，还是"材质浏览器"对话框中的材质类型，均取决于项目样本文件中的设置。

完成所有结构层参数的设置：连续对"填充样式"、"材质浏览器"、"编辑部件"、"类型属性"等多个对话框单击"确定"按钮，退出所有对话框，完成墙体材质的设置。墙的结构层如图 4－14。

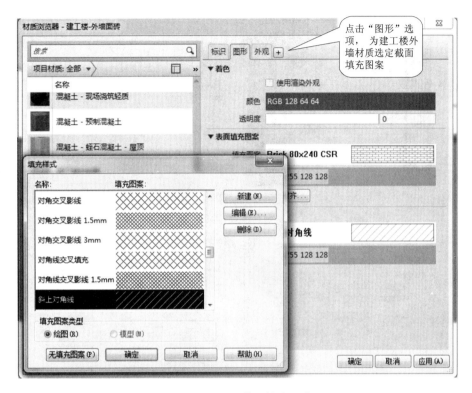

图 4 – 12　设置截面填充图案

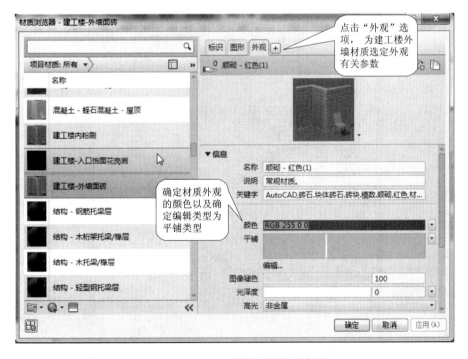

图 4 –13(a)　设置材质的外观参数

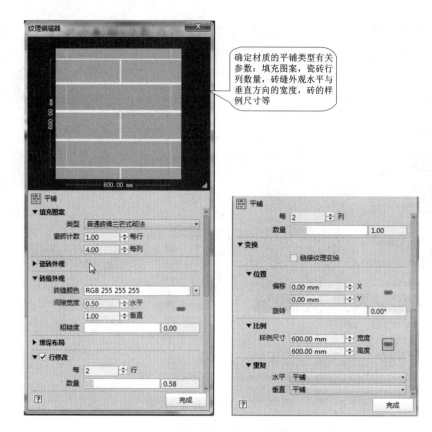

图 4 – 13(b)　设置材质的外观参数

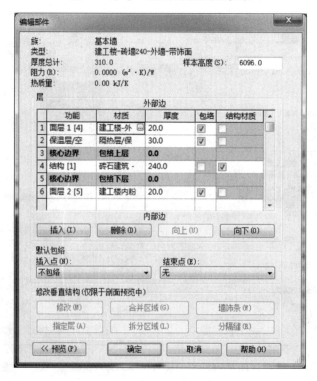

图 4 – 14　外墙结构层

当设置完成墙体的类型以及其内部的材质类型后就可以开始绘制墙体了。

二、创建墙

1. 确定绘制墙的方式

确认当前工作视图为 F1 楼层平面视图；确认 Revit Architecture 仍处于"修改 | 放置墙"状态。如图 4-15 所示，设置"绘制"面板中的绘制方式为"直线" 。

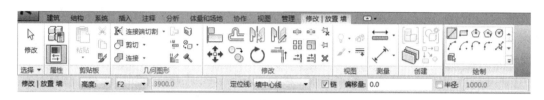

图 4-15 设置"墙"工具选项

2. 确定墙的高度以及定位线等参数

如图 4-15 所示，设置选项栏中的墙"高度"为 F2，即该墙高度由当前视图标高 F1 直到标高 F2。设置墙"定位线"为"核心层中心线"；勾选"链"选项，将连续绘制墙；设置偏移量为 0。

Revit Architecmre 提供了 6 种墙定位方式：墙中心线、核心层中心线、面层面内部和外部、核心面内部和外部。本节介绍墙构造时也介绍了墙核心层的概念。在墙类型属性定义中，由于核心内外表面的构造可能并不相同，因此核心层中心线与墙中心线也可能并不重合。请读者们思考在本例中"建工楼 - 砖墙 240 - 外墙 - 带饰面"墙中心与墙核心层中心线是否重合？

3. 创建墙

确认"属性"面板类型选择器中，"基本墙：建工楼 - 砖墙 240 - 外墙 - 带饰面"设置为当前墙类型。在绘图区域内，鼠标指针变为绘制状态 + 。适当放大视图，移动鼠标指针至①轴与Ⓐ轴线交点位置，Revit Architecture 会动捕捉两轴线交点，单击鼠标左键作为墙绘制的起点。移动鼠标指针，Revit Architecture 将在起点和当前鼠标位置间显示预览示意图。

沿①轴线垂直向上移动鼠标指针，直到捕捉至Ⓕ轴与①轴交点位置，单击作为第一面墙的终点。沿Ⓕ轴向右继续移动鼠标指针，捕捉Ⓕ轴与②轴交点，单击，完成第二面墙。完成

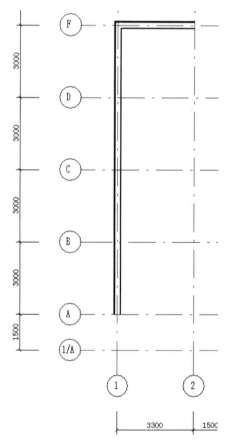

图 4-16 绘制外墙

后按键盘 Esc 键两次,退出墙绘制模式,如图 4 – 16 所示。返回 F1 楼层平面视图,选择"建筑"选项卡中"构建"面板中的"墙"工具,并设置类型选择器的基本墙类型为"基本墙:建工楼 – 砖墙 240 – 外墙 – 带饰面",完成全部外墙的绘制。

由于勾选了选项栏中的"链"选项,在绘制时第一面墙的绘制终点将作为第二面墙的绘制起点。

三、墙的三维效果显示

单击"快速访问工具栏"中的"默认三维视图" 🏠 按钮,切换至默认三维视图。在视图底部视图控制栏中切换视图显示模式为"带边框着色"。观察上一步中绘制的所有墙体的三维模型状态。

如图 4 – 17 所示,在默认三维视图中,移动鼠标指针至任意墙顶部边缘处,指针处外墙将高亮显示,按键盘 Tab 键,Revit Architecture 高亮显示与该墙相连的墙;单击鼠标左键,将选择所有高亮显示的墙。在"属性"面板中设置"底部限制条件"为"室外地坪",单击该面板底部的"应用"按钮,查看外墙高度变化,如图 4 – 17 所示。

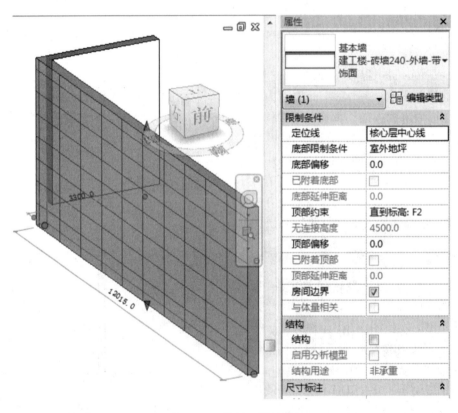

图 4 – 17　墙的三维效果

4.1.2　定义和绘制内墙

实训:完成建工楼内墙的绘制,熟悉 Revit Architecture 定义墙的类型以及绘制墙的方法。建工实训基地内墙做法从外到内依次为 20 厚抹灰、240 厚砖、20 厚抹灰,如图 4 – 18 所示。

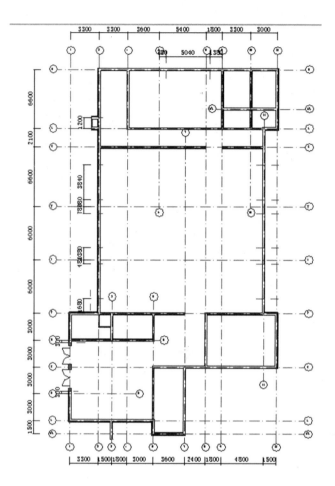

图 4-18　建工楼内墙

操作提示：

一、定义墙的类型

1. 定义内墙的名称

打开建工楼墙的项目文件，切换至 F1 楼层平面视图，使用"墙"工具，在属性面板的类型选择器中，选择墙类型为"基本墙：建工楼－砖墙 240－外墙－带饰面"。打开类型属性对话框，以该类型为基础，复制建立名称为"建工楼－砖墙 240－内墙－带粉刷"，并设置"功能"为"内部"的新基本墙类型。如图 4-19 所示。

2. 定义内墙各类型参数

打开"编辑部件"对话框。单击选择第 2 层"衬底【2】"层，单击"删除"按钮删除该层。修改第 1 层、第 5 层的功能、材质和厚度，如图 4-20 所示。设置完成后单击"确定"按钮返回"类型属性"对话框，完成内墙结构设置。

二、创建内墙

确定绘制方式是直线后，分别在轴线⑤上Ⓐ至Ⓒ之间绘制垂直内墙，接着继续在Ⓒ轴线上的轴线⑤至⑦之间绘制水平内墙，按一次 Esc 键，退出连续绘制状态，如图 4-21 所示。

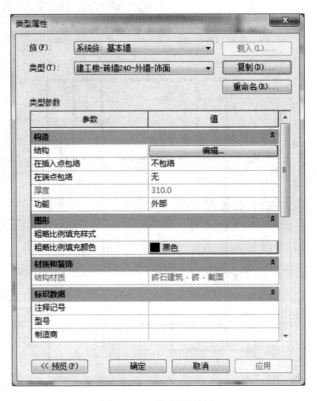

图4-19 复制墙类型

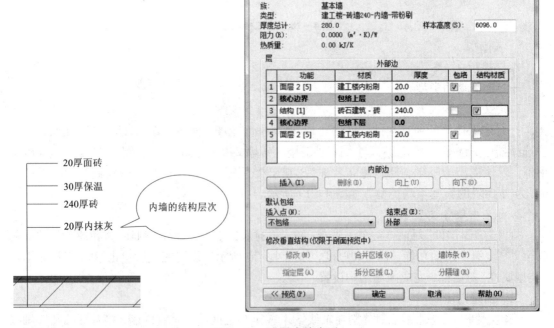

图4-20 设置内墙类型

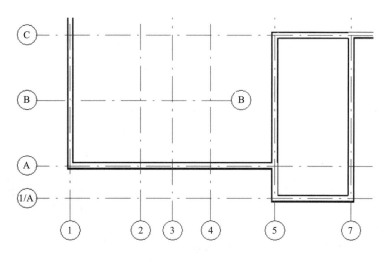

图 4 - 21　绘制内墙

继续绘制其他内墙，注意，内部卫生间内墙厚度仅 120 mm，因此需创建"建工楼 – 砖墙 120 – 内墙 – 带粉刷"墙体类型，完成全部内墙绘制，如图 4 – 22 所示。

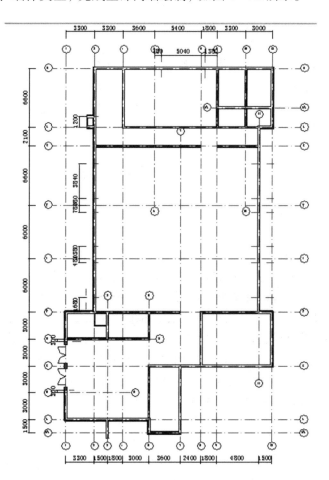

图 4 - 22　完成一层内墙

三、显示内墙的三维效果

单击快速访问工具栏中的"默认三维视图"按钮，切换至默认三维视图中，查看绘制效果，如图4-23所示。至此，建工实训基地一层墙体绘制完成。

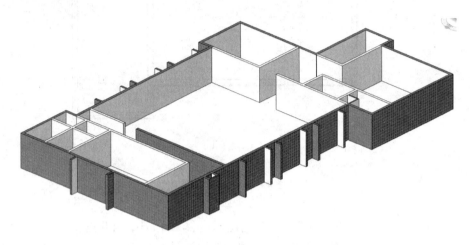

图4-23   建工实训基地一层墙体效果

四、创建其他楼层平面的墙体

当一层平面视图内外墙创建完成后，选择所有的墙体，单击"剪贴板"面板中的"复制至剪贴板"工具"⬚"，将所选择图元复制至Windows剪贴板。单击"剪贴板"面板中的"对齐粘贴"，弹出对齐粘贴下拉列表，在列表中选择"与选定标高对齐"选项，复制其他平面楼层的墙体，并根据各楼层平面内墙情况进行修改与编辑。

任务4.2　创建幕墙

知识准备

幕墙简介

幕墙是一种外墙，附着到建筑结构，而且不承担建筑的楼板或屋顶荷载。在一般应用中，幕墙常常定义为薄的、通常带铝框的墙，包含填充的玻璃、金属嵌板或薄石。

Revit Architecture中，幕墙由"幕墙嵌板"、"幕墙网格"和"幕墙竖梃"3部分构成，如图4-24所示。幕墙嵌板是构成幕墙的基本单元，幕墙由一块或多块幕墙嵌板组成。幕墙嵌板的大小、数量由划分幕墙的幕墙网格决定。幕墙竖梃即幕墙龙骨，是沿幕墙网格生成的线性构件。当删除幕墙网格时，依赖于该网格的竖梃也将同时删除。在Revit Architecture中，可以手动或通过参数指定幕墙网格的划分方式和数量。幕墙嵌板可以替换为任意形式的基本墙或层叠墙类型，也可以替换为自定义的幕墙嵌板族。

可以使用默认Revit Architecture幕墙类型设置幕墙。这些墙类型提供3种复杂程度，可以对其进行简化或增强。

（1）幕墙：没有风格或竖梃。没有与此墙类型相关的规则。此墙类型的灵活性最强。

（2）外部玻璃：具有预设网格。如果设置不合适，可以修改网格规则。

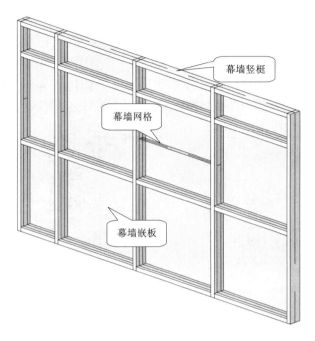

图 4 - 24 幕墙组成

(3)店面：具有预设网格和竖梃。如果设置不合适，可以修改网格和竖梃规则。

幕墙是现代建筑设计中常用的带有装饰效果的建筑构件，是建筑物的外墙围护，不承受主体结构荷载，像幕布一样挂上去，故又称为悬挂墙。幕墙由结构框架与镶嵌板材组成。Revit Architecture 在墙工具中提供了幕墙系统族类别，可以使用幕墙创建所需的各类幕墙。

4.2.1 创建幕墙

实训：创建建工楼入口大门，熟悉如何创建幕墙以及如何进行幕墙网格的绘制。如图4 - 25 所示。

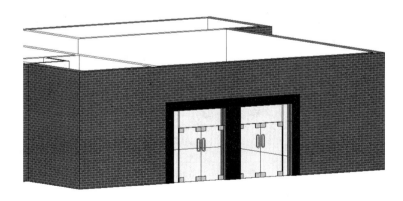

图 4 - 25 入口花岗岩饰面墙

操作提示：

1. 绘制幕墙的定位参照平面

在 Revit Architecture 项目中，除使用标高、轴网对象进行项目定位外，还提供了"参照平面"工具用于局部定位。

如图 4-26 所示，在"建筑"选项卡的"工作平面"面板中，"参照平面"工具用于创建参照平面。参照平面的创建方式与标高和轴网类似。不同的是，它可以在立面视图、楼层平面视图，以及剖面视图中创建参照平面。

图 4-26 参照平面

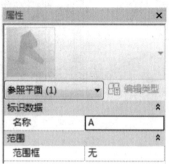

图 4-27 参照平面命名

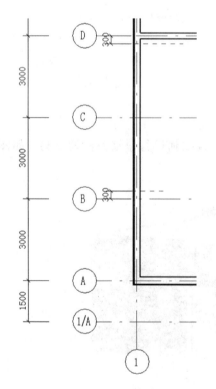

图 4-28 绘制两个参照平面

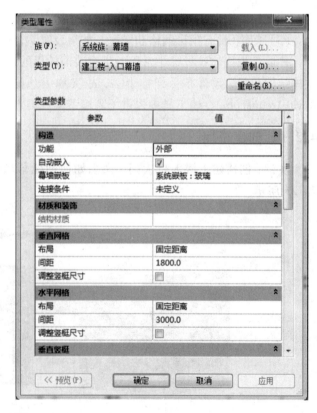

图 4-29 定义幕墙类型

　　参照平面可以在所有与参照垂直的视图中生成投影，方便在不同的视图中进行定位。例如，在南立面视图中垂直标高方向绘制任意参照平面，可以在北立面视图、楼层平面视图中均生成该参照平面的投影。当视图中的参照平面数量较多时，可以在参照平面属性面板中通过修改"名称"参数，为参照平面命名，以方便在其他视图中找到指定参照平面，如图 4 - 27 所示。

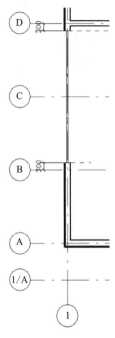

　　切换至 F1 楼层平面视图。先在①轴上Ⓑ、Ⓓ轴线之间分别距Ⓑ轴、Ⓓ轴均为 300 mm 外绘制两个参照平面，便于幕墙定位，如图 4 - 28 所示。

　　2. 定义幕墙类型

　　使用建筑选项卡"墙"工具，点击"墙：建筑墙"，在"属性"面板类型选择器中选择墙类型为"幕墙：幕墙"。打开"类型属性"对话框，复制出名称为"建工楼 - 入口幕墙"的新幕墙类型。勾选上"自动嵌入"，其他参数不作任何修改，如图 4 - 29 所示，单击"确定"按钮退出"类型属性"对话框。

　　3. 创建幕墙

　　确认绘制方式为"直线"。设置选项栏中的"高度"为"未连接"，不勾选"链"项，设置"偏移量"为 0，注意对于幕墙不允许设置"定位线"。分别捕捉①轴上轴线与两个参照平面的交点作为幕墙的起点和终点，绘制幕墙，注意幕墙的外侧方向。绘制完成后，按 Esc 两次，退出墙绘制模式，结果如图 4 - 30 所示。

　　4. 幕墙的三维显示效果

　　完成后切换至默认三维视图，观察所绘制的幕墙状态，如图 4 - 31 所示。

图 4 - 30　绘制幕墙

图 4 - 31　入口处幕墙

4.2.2　手动划分幕墙网格

　　在 Revit Architecture 中可以手动或自动的方式划分幕墙网格。

　　操作提示：

　　1. 打开幕墙所在立面视图

　　切换至西立面视图，该视图中已经正确显示了当前项目模型的立面投影。如图 4 - 32 所示，在视图底部视图控制栏中修改视图显示状态为"着色"，Revit Architecture 将按模型图元材质中设置的颜色着色模型，幕墙玻璃显示为蓝色。

　　2. 隔离幕墙操作

　　选择Ⓓ～Ⓑ轴线间入口处幕墙图元，单击视图控制栏中的"临时隐藏\隔离"按钮，在弹

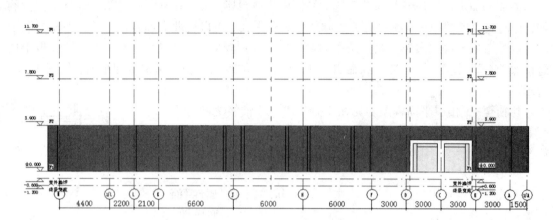

图 4 - 32   一层西立面图

出的菜单中选择"隔离图元"命令，视图中将仅显示所选择的综合楼入口处幕墙，如图 4 - 33 所示。

3. 创建和编辑幕墙网格

单击"建筑"选项卡"构建"面板中的"幕墙网格"工具，自动切换至"修改|放置幕墙网格"上下文选项卡，如图 4 - 34 所示，鼠标指针变为。综合应用"放置"面板中的"全部分段"、"一段"及"除拾取外的全部"等工具，创建幕墙网格。选择幕墙网格

图 4 - 33   隔离幕图元

线，单击"修改|幕墙网格"上下文关联选项卡中"添加|删除线段"工具对幕墙网格进行编辑，结果如图 4 - 35 所示。

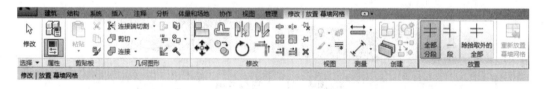

图 4 - 34   "修改|放置幕墙网格"上下文选项卡

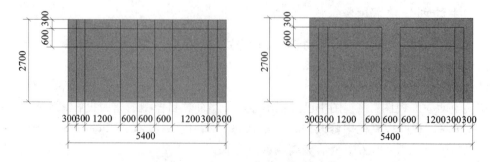

图 4 - 35   创建和编辑幕墙网格

Revit Architecture 根据幕墙网格将幕墙划分为数个独立的、可自由控制的幕墙嵌板，通过自由指定幕墙嵌板的族类型，生成任意形式的幕墙。

4. 载入幕墙双开门族

选择"插入"菜单，点击"从库中载入"，从电脑中相应位置，找到幕墙双开门族文件，载入"幕墙双开门族"。

5. 玻璃嵌板的操作

（1）编辑玻璃嵌板为幕墙双开门。

配合"Tab"键，选取双开门所在位置嵌板，点击禁止改变图元位置开关"🔒"变成允许改变图元位置开关"🔓"，相应系统嵌板\玻璃才变得允许修改，在下拉菜单中选择"幕墙双开门"，相应玻璃嵌板改变成幕墙双开门。同样另扇门也作如此修改，如图 4－36 所示。

（2）编辑玻璃门周边嵌板为花岗岩饰面墙。

"建工楼－砖墙 240－外墙－带饰面"基本墙为基础，复制创建"建工楼－入口饰面花

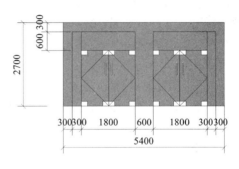

图 4－36　修改系统嵌板\玻璃为幕墙双开门

岗岩"基本墙新类型，配合"Tab"键，选取玻璃门周边位置嵌板，修改成"建工楼－入口花岗岩"饰面墙，如图 4－37 所示。

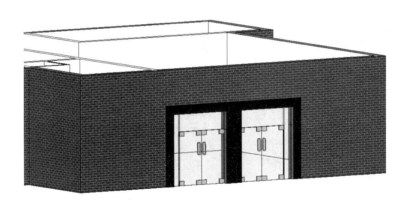

图 4－37　入口花岗岩饰面墙

任务 4.3　创建叠层墙

前面介绍了 Revit Architecture 中的两种墙系统族：基本墙和幕墙。Revit Architecture 在墙工具中还提供了另一种墙系统族——叠层墙。使用叠层墙可以创建结构更为复杂的墙。如图 4－38 所示，该叠层墙由上下两种不同厚度、不同材质的"基本墙"类型子墙构成。

4.3.1　定义叠层墙类型

实训：创建建工楼的项目情景实训室下沉部分的挡土墙，挡土墙厚度为 370 mm，熟悉如何定义和绘制叠层墙。

操作提示：

叠层墙在高度方向上由一种或几种基本墙类型的子墙构成。在叠层墙类型参数中可以设置叠层墙结构，分别指定每种类型墙对象在叠层墙中的高度、对齐定位方式等。可以使用其他墙图元相同的修改和编辑工具修改和编辑叠层墙对象图元。

图 4 - 38　叠层墙

1. 定义基本墙族类型——定义 370 外墙

要定义叠层墙，必须先定义叠层墙结构中要使用的基本墙族类型。

切换至"室外地坪"楼层平面视图。使用墙工具，在类型列表中选择当前墙类型为"基本墙：建工楼 - 砖墙 240 - 外墙 - 带饰面"；打开"类型属性"对话框，以"基本墙：建工楼 - 砖墙 240 - 外墙 - 带饰面"为基础复制出名称为"建工楼 - 砖墙 370 - 外墙"的基本墙类型。打开"编辑部件"对话框，按图 4 - 39 所示结构层功能、厚度及材质设置墙结构。设置完成后，单击"确定"按钮返回类型属性对话框。单击"类型属性"对话框中的"应用"按钮。

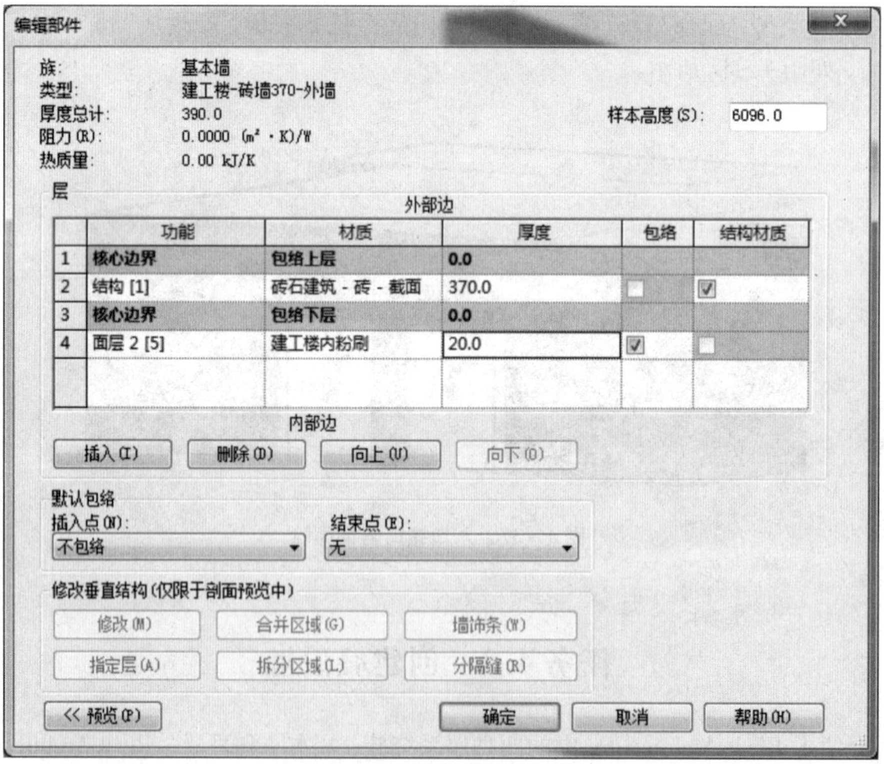

图 4 - 39　叠层墙的基本墙结构

2.定义建工楼叠层墙名称

在"属性"对话框中,单击顶部"族"列表,选择墙族为"系统族:叠层墙"。复制出名称为"建工楼-叠层墙"的新类型,叠层墙类型参数中仅包括"结构"一个参数。

3.定义叠层墙结构

单击叠层墙"类型属性"对话框中"结构"选项的"编辑"按钮,打开"编辑部件"对话框。如图4-40所示,设置"偏移"方式为"核心面:外部",即叠层墙各类型子墙在垂直方向上以核心面的外部对齐;在"类型"列表中,单击"插入"按钮插入新行。修改第1行"名称"列表,在列表中选择墙类型为"建工楼-砖墙240-外墙-带饰面";单击"可变"按钮,设置该子墙高度为"可变";修改第2行墙名称为"建工楼-砖墙370-外墙",设置高度为1200 mm,其他参数参见图中所示。单击"确定"按钮,返回"类型属性"对话框;再次单击"确定"按钮,退出"类型属性"对话框,完成叠层墙类型定义。

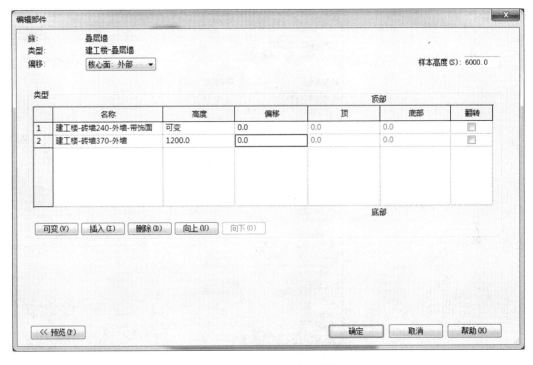

图4-40 叠层墙的基本墙结构

提示:在"编辑部件"对话框中,各类型墙的"高度"决定在生成叠层墙实例时各子墙的高度。在建工实训基地项目中,情景实训室下沉部分(即情景室底至F1楼层平面标高)共计1200 mm,因此设置叠层墙中"建工楼-砖墙370-外墙"类型的子墙高度为1200,其余高度将根据叠层墙实际高度由"可变"高度子墙自动填充。在叠层墙中有且仅有一个可变的子墙高度。在绘制叠层墙实例时,墙实例的高度必须大于叠层墙"编辑部件"对话框中定义的子墙高度之和。

4.3.2　创建叠层墙

虽然叠层墙的材质类型设置方法与基本墙不同，并且是在基本墙类型的基础上进行设置的，但是叠层墙的绘制方法与基本墙基本相似，只是在墙属性设置时需要注意"顶部约束"选项的设置。

切换至"情景室底"楼层平面，选择"墙"工具，"墙：建筑"，在"属性"面板中选择"叠层墙\建工楼－叠层墙"，并修改"底部限制条件"为"情景室底"，"顶部约束"为"直到标高F1"，如图4－41所示。注意绘制叠层时定位线设置为"核心面：外部"，分别绘制出②轴和⑪轴上Ｆ～Ｋ轴之间的挡土墙。

其他外墙通过"属性"面板，将"底部限制条件"设置为"室外地坪"。补充绘制情景室底部Ｆ轴、Ｋ轴上的内墙。

图4－41　确定叠层墙参数

学习单元 5　创建柱、梁、板

任务 5.1　创建柱

按常规建筑设计习惯，有了轴网后将创建柱网。根据柱子的用途及特性不同，Revit Architecture 将柱子分为两种：建筑柱与结构柱。建筑柱和结构柱的创建方法不尽相同，但编辑方法完全相同。

实训：创建建工楼的柱网，如图 5 - 1 所示，熟悉有关建筑柱与结构柱的创建方法。

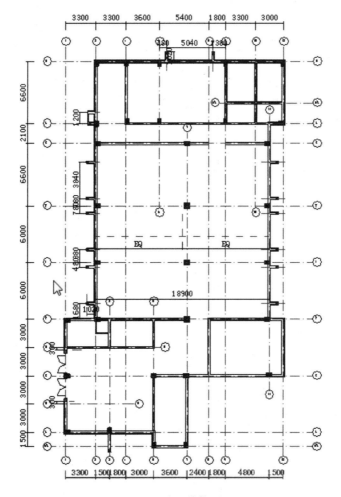

图 5 - 1　建工楼柱图

5.1.1 创建建筑柱

创建建筑柱：

建筑柱适用于墙垛等柱子类型，可以自动继承其连接到的墙体等其他构件的材质，例如墙的复合层可以包络建筑柱。

操作提示：

1. 绘制建筑柱的参照平面

在 Revit Architecture 中，打开保存的"建工楼项目.rvt"项目文件。在 F1 平面视图中，放大左侧外墙区域。切换至【建筑】选项卡，单击【工作平面】面板中的【参照平面】按钮，设置选项栏中的【偏移量】为 1680，在轴线③、F轴线上方建立水平参照平面，如图 5-2 所示。

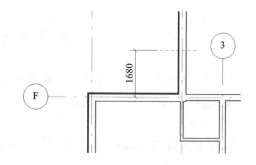

图 5-2 作绘制建筑柱的参照平面

由于设置了偏移量，所以在轴线上进行建立时，Revit Architecture 会在该轴线上方或下方显示参照平面，这时可以通过按键盘上的空格键来确定参照平面的创建位置。

2. 载入建筑柱族，并定义建筑柱的有关参数

单击"插入"选项卡，选择载入族的操作，载入有关柱族，单击至"建筑"选项卡"构建"面板中"柱"下拉按钮，选择"柱：建筑"选项。设置【属性】面板的类型选择器中的类型为"500×1000 mm"的矩形建筑柱，以该类型柱为基础，复制修改创建 240×1020 的矩形建筑柱，如图 5-3 所示，单击"确定"。

3. 创建建筑柱

在任意位置放置该柱，捕捉该柱中线的右端点，并移动至②轴与参照平面的交点处。如图 5-4 所示。注意到柱面材质随墙体作相应改变，这是因为"建筑柱"类型可以自动继承其连接到的墙体等其他构件的材质的缘故。

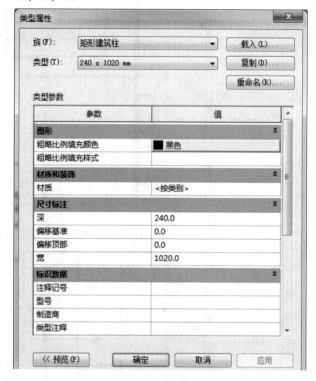

图 5-3 设置矩形建筑柱

5.1.2 创建结构柱

结构柱适用于钢筋混凝土柱等与墙材质不同的柱子类型,是承载梁和板等构件的承重构件,在平面视图中结构柱截面与墙截面各自独立。

结构柱用于对建筑中的垂直承重图元建模。尽管结构柱与建筑柱共享许多属性,但是结构柱还具有许多由它自己的配置和行业标准定义的其他属性。在行为方面,结构柱也与建筑柱不同。

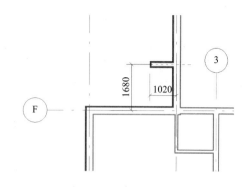

图 5 - 4 布置建筑柱

操作提示:

1. 定义结构柱的类型

打开 F1 楼层平面视图,载入"柱"族。单击"结构"选项卡"结构"面板中"柱"工具,在属性面板中选择某一个柱类型,默认插入上次使用过的柱类型,如"混凝土 - 矩形 - 柱 450 × 500",单击"属性"面板中的"编辑类型"按钮,调出"类型属性"对话框,复制修改创建新类型: 240 × 240 柱,修改尺寸 b 为 240,h 为 240,如图 5 - 5 所示,单击确定。

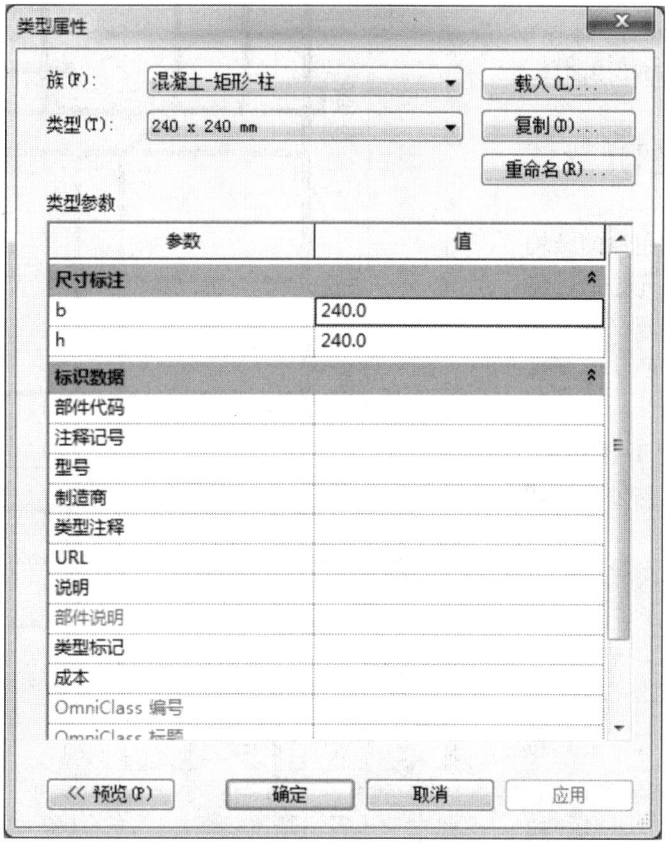

图 5 - 5 复制修改结构柱类型

2.创建结构柱

确认目前为"修改|放置"结构柱模式下，勾选"修改|放置 结构柱"状态栏中，放置方式为"高度"，到达高度为"F2"，在建筑柱垛端插入构造柱，如图5-6所示。注意通过作参照平面等方式，精确定位结构柱插入的正确位置。

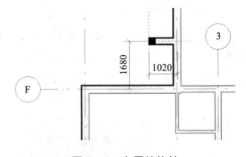

图5-6　布置结构柱

3.创建其他结构柱

建工楼有三种柱类型，240×240，400×600，600×600。同上步骤，布置"混凝土-矩形-柱400×600"、"混凝土-矩形-柱600×600"柱，综合运用修改工具，复制创建其他位置的柱。注意南向坡道处布置不带保温层、核心层厚度为240砖墙、两边贴面砖的墙体比较合适，按图5-1完成其他位置柱子。

4.创建其他楼层平面的柱

当一层平面视图柱创建完成后，选择所有的柱，单击"剪贴板"面板中的"复制至剪贴板"工具"🗋"，将所选择图元复制至 Windows 剪贴板。单击"剪贴板"面板中的"对齐粘贴"，弹出对齐粘贴下拉列表，在列表中选择"与选定标高对齐"选项，复制其他平面楼层的柱。

任务5.2　创建梁

梁是用于承重用途的结构图元。每个梁的图元是通过特定梁族的类型属性定义的。此外，还可以修改各种实例属性来定义梁的功能。

实训：创建建工楼的梁，熟悉各种梁的定义与创建。如图5-7所示。

5.2.1　定义梁

操作提示：

（1）单击"结构"选项卡"结构"面板中的"梁"工具按钮🍳。

（2）在"属性"面板中，确定类型选择器选择的是"矩形

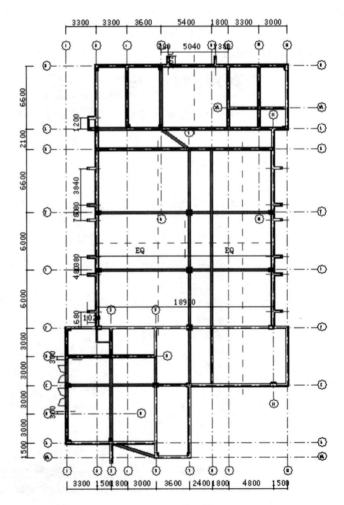

图5-7　定义梁

梁-加强版",单击"编辑类型"选项,打开"类型属性"对话框。单击"复制"按钮,复制类型为"300×800",并设置[L_梁高]为800.0,【L-梁宽】为300.0,如图5-8所示,单击"确定",退出"类型属性"对话框。

(3)可以根据实际情况,对梁属性参数进行修改,如修改"几何图形位置"中的偏移值,如图5-9所示。

图5-8 定义梁   图5-9 梁属性参数

5.2.2 创建梁

梁的绘制方法与墙非常相似,在定义好梁的各属性参数后,切换至需绘制梁的F2平面视图中。

(1)单击"结构"面板中的"梁"工具,在打开的"修改|放置 梁"上下文选项卡中,确定绘制方式为直线,设置选项栏中的【放置平面】为"标高:F2",【结构用途】为"自动",如图5-10所示。

(2)在轴线©上,与轴线①和轴线⑤的交点处单击,建立水平方向梁如图所示。

由于梁的顶部与标高F2对齐,所以梁是以淡显方式显示。选择绘制的梁,在【属性】面板中设置【Z轴对正】为"中心线",单击"应用"按钮,梁在标高F2中显示。可以切换至默认

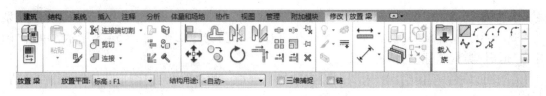

图 5 – 10 选择梁工具

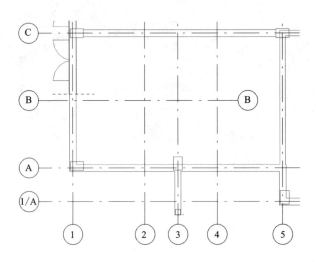

图 5 – 11 创建梁

三维视图,观察通过修改"Z 轴对正"、"Z 轴偏移值"等参数时的梁的变化。

(3)同样,综合运用编辑工具,绘制 F2 平面中的梁及 F1 及情景室底层梁,如图 5 – 12 所示。

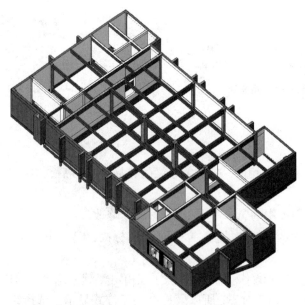

图 5 – 12 完成绘制梁

（4）创建其他楼层平面的梁。

当 F2 平面视图梁创建完成后，选择所有的梁，单击"剪贴板"面板中的"复制至剪贴板"工具"🗐"，将所选择图元复制至 Windows 剪贴板。单击"剪贴板"面板中的"对齐粘贴"，弹出对齐粘贴下拉列表，在列表中选择"与选定标高对齐"选项，复制其他平面楼层的梁。

任务5.3 创建楼板

楼板是建筑设计中常用的建筑构件，用于分隔建筑各层空间。Revit Architecture 提供了 3 种楼板：楼 板、结构楼板和面楼板，其中面楼板是用于将概念体量模型的楼层面转换为楼板模型图元，该方式只能用于从体量创建楼板模型时。结构楼板是为方便在楼板中布置钢筋、进行受力分析等结构专业应用而设计的，提供了钢筋保护层厚度等参数，"结构楼板"与"楼板"的用法没有任何区别。Revit Architecture 还提供了楼板边缘工具，用于创建基于楼板边缘的放样模型图元。

5.3.1 创建室内楼板

实训：创建建工楼室内楼板，熟悉楼板的操作，如图 5-13 所示。

使用 Revit Architecture 的楼板工具，可以创建任意形式的楼板。只需要在楼层平面视图中绘制楼板的轮廓边缘草图，即可以生成指定构造的楼板模型。

与 Revit Architecture 其他对象类似，在绘制前，需预先定义好需要的楼板类型。

操作提示：

1. 打开项目文件

打开"建工楼项目.rvt"项目文件，切换至 F1 楼层平面视图。

2. 选择楼板工具

单击"建筑"选项卡"构建"面板中的"楼板"工具，选择【楼板：建筑】选项，自动切换至"修改|创建楼层边界"上下文选项卡，进入创建楼板边界模式，Revit Architecture 将

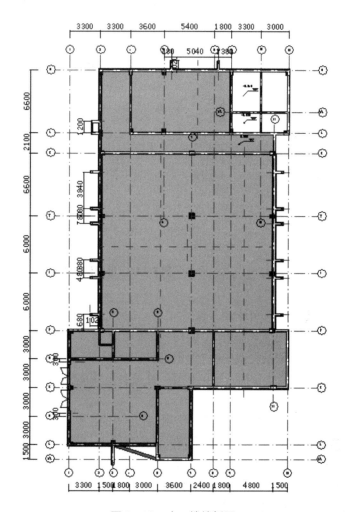

图 5-13 建工楼楼板图

淡显视图中其他图元。

　　3.定义楼板名称

　　在"属性"面板的"类型选择器"中选择楼板类型为"混凝土120 mm"，打开"类型属性"对话框，复制出名称为"建工楼－150 mm－室内"的楼板类型，如图5－14所示。

图5－14　楼板【类型属性】对话框

　　4.定义楼板的结构参数

　　单击类型参数列表中"结构"参数后的"编辑"按钮，弹出"编辑部件"对话框，该对话框内容与基本墙族类型中的"编辑部件"对话框相似。如图5－15所示，单击"插入"按钮两次插入新层，调整新插入层的位置，修改各层功能、厚度，分别设置这两个层的材质。

　　5.创建楼板

　　如图5－16所示，确认"绘制"面板中的绘制状态为"边界线"，绘制方式为"拾取墙"；设置选项栏中的偏移值为0，勾选"延伸至墙中（至核心层）"选项。移动鼠标指针至建工实训基地F1层外墙位置，墙将高亮显示。单击鼠标左键，沿建筑外墙核心层外表面生成粉红色楼板边界线。注意楼板边界线必须综合运用线编辑方式使其首尾相接，否则会提示错误而不能完成边界草图编辑模式。

　　确定【属性】面板中的【标高】为F1，单击【模式】面板中【完成编辑模式】按钮✔，在打开

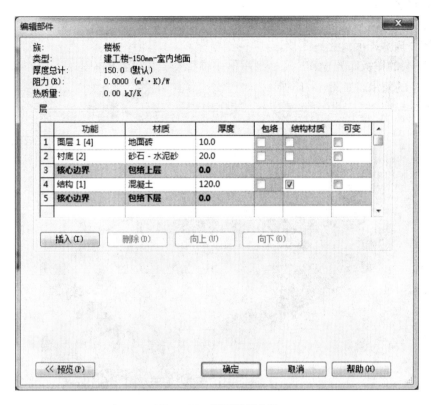

图 5-15　设置楼板参数

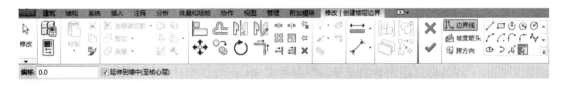

图 5-16　地面轮廓绘制面板

的 Revit 对话框中单击【是】按钮，如图
5-17 所示，完成楼板绘制。由于绘制
的楼板与墙体有部分的重叠，因此 Revit
提示对话框"楼板/屋顶与高亮显示的
墙重叠，是否希望连接几何图形并从墙
中剪切重叠的体积?"单击【是】按钮，接
受该建议，从而在后期统计墙体积时得
到正确的墙体积。

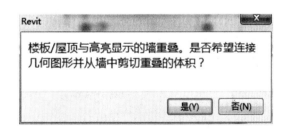

图 5-17　完成楼板绘制时的提示

　　6.创建不同标高的楼板或地面

　　对于标高不一致的地面或楼板，应该分别绘制轮廓草图，并在【属性】面板中"修改限制

条件"中的"自标高的高度偏移"数据，获得正确的楼板布置。如卫生间楼板"限制条件"中的"自标高的高度偏移"设为 -40，获得正确的卫生间楼板布置。

7. 楼板的三维显示效果

完成 F1 层的楼板布置操作，切换到默认三维视图，并设置【视图样式】为"着色"，查看楼板在建筑中的效果，如图 5 - 18 所示。

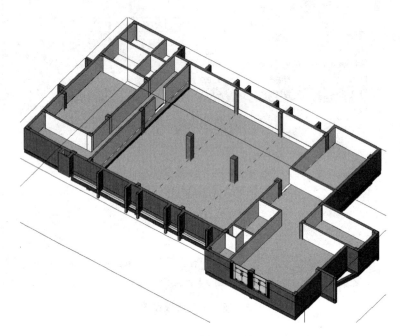

图 5 - 18　楼板三维效果

8. 创建其他楼层平面的楼板

当 F2 平面视图楼板创建完成后，选择所有的楼板，单击"剪贴板"面板中的"复制至剪贴板"工具"📋"，将所选择图元复制至 Windows 剪贴板。单击"剪贴板"面板中的"对齐粘贴"，弹出对齐粘贴下拉列表，在列表中选择"与选定标高对齐"选项，复制其他平面楼层的楼板。

5.3.2　创建室外楼板

实训：创建建工楼室外楼板，熟悉楼板的操作。

创建室外楼板的方式与创建室内楼板方式一样，也是先设置好楼板结构，绘制首尾相连的楼板轮廓边界线即可。

操作提示：

1. 打开楼板已有族

切换至 F1 楼层平面视图，依次展开项目浏览器中的"族"的"楼板"类别，该类别显示项目中楼板的所有已定义类型，双击"建工楼 - 室内地面 - 150 mm"楼板类型，打开楼板"类型属性"对话框。

提示：在项目浏览器中以直接双击族类型的方式可以直接打开任何类别族的"类型属性"对话框。

2. 定义室外楼板类型

以"建工楼－室内地面－150 mm"楼板类型为基础，复制出名称为"建工楼－室外台阶－
600 mm"的新楼板类型，定义结构层的参数，如图 5－19 所示。完成后单击"确定"按钮，返
回"类型属性"，单击"确定"按钮，退出"类型属性"对话框。

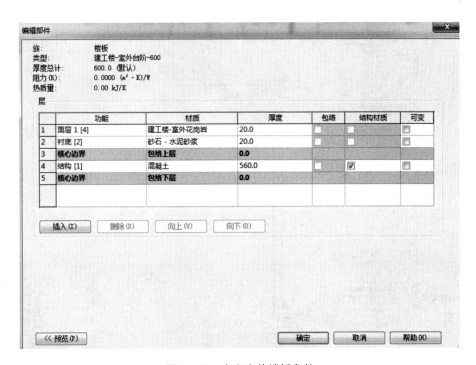

图 5－19 定义室外楼板参数

3. 绘制室外楼板台阶轮廓

单击"建筑"选项卡"构建"面板中的"楼板"工具中"楼板.建筑"选项，进入到"修改|创
建楼层边界"上下文关联选项卡，选用"绘制"面板中的绘制状态为"边界线"，绘制方式为
"矩形"，分别在门厅入口处、⑦~⑧轴线与Ⓑ~Ⓒ轴线之间、Ⓚ~Ⓛ轴线与①~②轴线之间，
绘制室外台阶轮廓，注意"建工楼－室外台阶－600 mm"楼板属性中，"限制条件"的"高度"
为"F1"。如图 5－20 所示。

4. 室外楼板的三维效果显示

切换至默认三维视图，适当调整视图，显示门厅入口处室外台阶平台，如图 5－21 所示。

5. 修改楼板

创建完成楼板后，如果发现楼板不符合要求，可以进行修改。方法是：选择楼板，单击
"修改|楼板"上下文选项卡"模式"选项板中的"编辑边界"按钮，进入楼板边界轮廓编辑模
式，重新修改楼板边界轮廓形状。

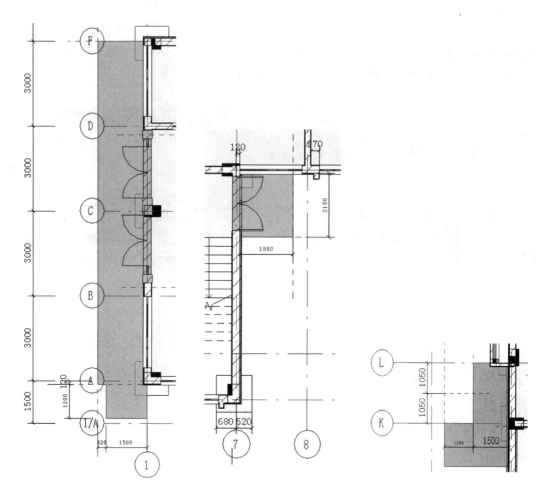

图 5-20　创建室外楼板——台阶平台

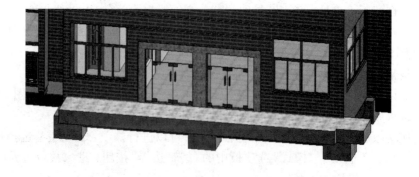

图 5-21　创建室外楼板——台阶平台效果

学习单元 6 创建门窗

任务 6.1 添加门、窗

门、窗是建筑设计中最常用的构件。Revit Architecture 提供了门、窗工具，用于在项目中添加任意形式的门、窗图元。门、窗必须放置于墙、屋顶等主体图元上，这种依赖于主体图元而存在的构件称为"基于主体的构件"。

在 RevitArchitecture 中，门、窗构件与墙不同，门、窗图元属于可载入族，在添加门窗前，必须在项目中载入所需的门窗族，才能在项目中使用。

6.1.1 添加门

实训：建工楼项目添加对应的门图元，如图 6 – 1 所示。

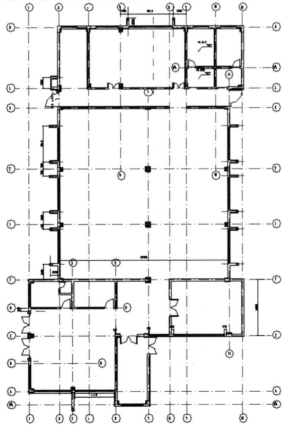

图 6 – 1 楼层 F1 的门

操作提示：

1. 载入合适的门族

单击"建筑"选项卡"构建"面板中的"门"工具，Revit Architecture 进入"修改|放置 门"上下文选项卡。注意"属性"面板的类型选择器中，仅有默认"平开门"族。"平开门"族及其类型来自于新建项目时使用的项目样板。要放置子母门图元，必须先向项目中载入合适的门族。

切换至【建筑】选项卡，单击【构建】面板中的【门】按钮，在打开的【修改|放置 门】上下文选项卡中单击【模式】面板中的【载入族】按钮，弹出【载入族】对话框。选择"China/建筑/门/普通门/子母门/子母门. rfa"族文件，如图 6 - 2 所示，点击"打开"，载入门族。

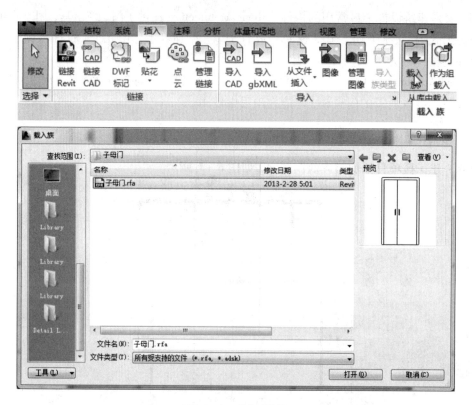

图 6 - 2 载入门族

2. 定义需要的门类型

复制创建"1800 × 2100"新子母门类型，修改相关参数后，点击【确定】，如图 6 - 3 所示。退出类型属性对话框。

3. 添加门图元

单击"建筑"选项卡"构建"面板中的"门"工具按钮执行插入门操作，【属性】面板的类型选择器中自动显示该族类型，将光标指向轴线②轴上的K ~ L之间的墙体位置，单击后为其添加门图元，如图 6 - 4 所示。利用临时尺寸调整门的准确位置。

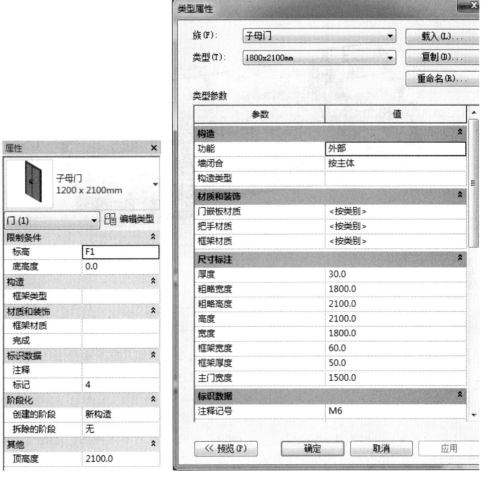

图 6-3 修改门类型参数

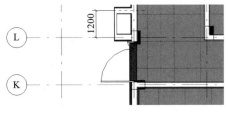

图 6-4 插入门

4. 设定门的底高度

退出【门】工具状态后,选中该门图元,确定【属性】面板中【底高度】为 0.0,其他参数默认。

5.显示门的三维效果图

对照建工楼的图纸，插入其他位置的门，完成后切换到默认三维视图，如图6-5所示。

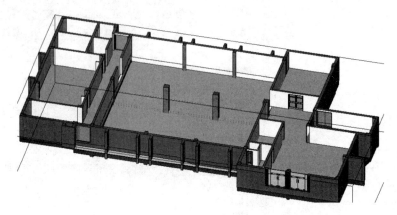

图6-5　一层门

6.添加其他楼层平面图的门图元

当一层平面视图添加门完后，选择所有的门，单击"剪贴板"面板中的"复制至剪贴板"工具"▢"，将所选择图元复制至 Windows 剪贴板。单击"剪贴板"面板中的"对齐粘贴"，弹出对齐粘贴下拉列表，在列表中选择"与选定标高对齐"选项，添加其他平面楼层的门。

6.1.2　添加窗

插入窗的方法与上述插入门的方法完全相同。窗是基于主体的构件，可以添加到任何类型的墙内（对于天窗，可以添加到内建屋顶），可以在平面视图、剖面视图、立面视图或三维视图中添加窗。与门稍有不同的是，在插入窗时需要考虑窗台高度。

实训：添加建工楼的窗，熟悉窗的有关操作

要在项目中添加窗，首先要选择窗类型，然后指定窗在主体图元上的位置，Revit Architecture 将自动剪切洞口并放置窗。

操作提示：

1.载入窗族

确认当前视图为 F1 楼层平面视图。单击"建筑"选项卡"构建"面板中的"窗"工具▦，自动切换至"修改|放置窗"上下文选项卡，载入"China/建筑/窗/普通窗/组合窗/组合窗-双层单列（四扇推拉）-上部双扇.rfa"族文件，如图6-6所示，点击"打开"，载入窗族。

2.定义需要的窗类型

复制创建"C5-2520×2400"新窗类型，修改相关参数后，点击【确定】，如图6-7所示。退出类型属性对话框。

3.添加窗图元

确认当前为"修改|放置窗"状态，将光标指向轴线①轴上的Ⓐ~Ⓑ之间的墙体位置，单击后为其添加窗图元，并调整窗的位置，准确与柱边对齐，如图6-8所示。

图 6 - 6　载入窗族

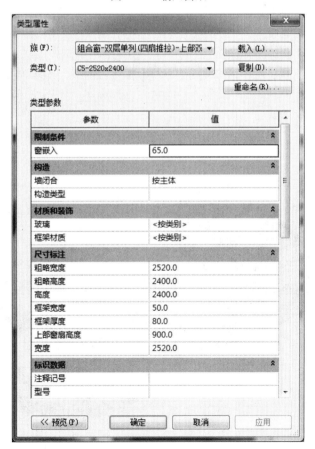

图 6 - 7　修改窗类型参数

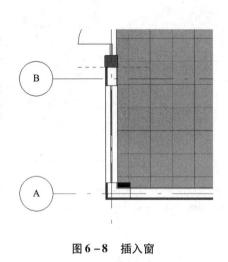

图6-8 插入窗

图6-9 窗的属性

4. 设定窗的底高度

退出【窗】工具状态后，选中该窗图元，确定【属性】面板中【底高度】为900.0，其他参数默认，如图6-9所示。

5. 窗的三维效果图显示

对照建工楼的图纸，插入其他位置的窗，完成后切换到默认三维视图，如图6-10所示。

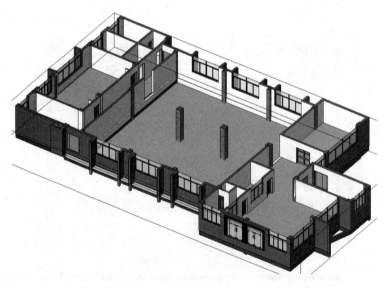

图6-10 一层窗

6. 添加其他楼层的窗

当一层平面视图窗添加完后,选择所有的窗,单击"剪贴板"面板中的"复制至剪贴板"工具"⧉",将所选择图元复制至 Windows 剪贴板。单击"剪贴板"面板中的"对齐粘贴",弹出对齐粘贴下拉列表,在列表中选择"与选定标高对齐"选项,复制其他平面楼层的窗。

任务 6.2　添加百叶窗

外墙上的百叶窗,上有顶板、下有底板,顶板与底板可以按室外楼板进行绘制和创建,而百叶窗是基于主体的构件,因此,要创建百叶窗,必须先绘制墙体,然后再插入百叶窗,用百叶窗切取墙体。

实训:添加建工楼的百叶窗如图 6 - 11 所示,熟悉百叶窗的操作。

图 6 - 11　添加百叶窗效果

6.2.1　添加室外空调板

操作提示:

1. 确定空调板的位置

切换至 F1 楼层平面视图。适当缩放视图至Ⓕ ~ Ⓗ轴线间②轴线外墙位置,用参照平面工具在Ⓕ ~ Ⓗ轴线间放置室外空调板图元,如图 6 - 12 所示。

2. 定义空调板的结构参数

复制创建厚度为 100 空调板,核心层 60厚、材质为"混凝土",上面层 20 厚、材质为"建工楼瓷砖",底面层 20 厚、材质为"建工楼内粉刷",如图 6 - 13 所示。

3. 添加空调底板操作

单击"建筑"选项卡"构建"面板中的"楼板"工具中"楼板. 建筑"选项,在"绘制"面板中,选择"矩形"工具,捕捉空调板角点绘制其

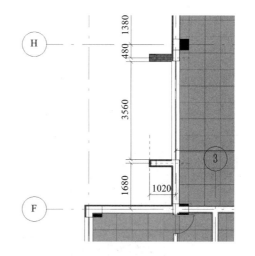

图 6 - 12　空调板位置尺寸

轮廓,并修改"属性"面板中的标高:"F1",自标高的高度偏移:" - 600.0",单击"模式"中的"✔",完成编辑模式。在弹出的 revit 提示对话框中,选择"否",即不让墙体附着到空调底板标高位置,切换至默认三维视图,如图 6 - 14 所示。

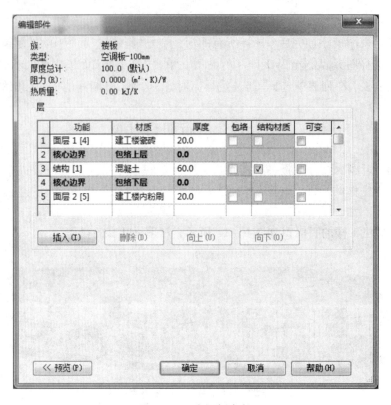

图 6 – 13　空调板参数

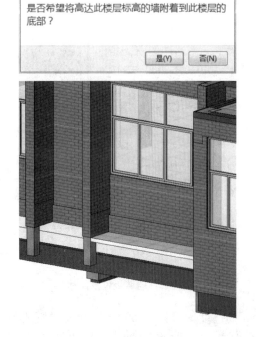

图 6 – 14　创建空调底板

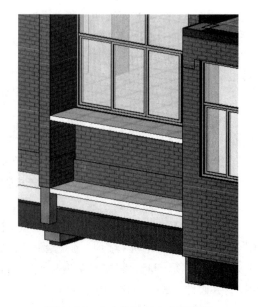

图 6 – 15　（a）复制创建空调顶板

4. 复制出空调顶板

选中上一步创建的空调顶板，点击"剪贴板"面板中的"复制到剪贴板"工具 📋，此时"粘贴"工具 📋 变得可用，单击"粘贴"工具下方的黑色小三角形，调出下拉菜单，在下拉菜单中选择"与选定的标高对齐" 📋 与选定的标高对齐 选项，在弹出的"选择标高"对话框中，选择"F1"楼层，单击确定，并在"属性"面板中把"自标高的高度偏移"值修改为"900.0"，如图 6 – 15 所示。点击"应用"，完成复制空调顶板。

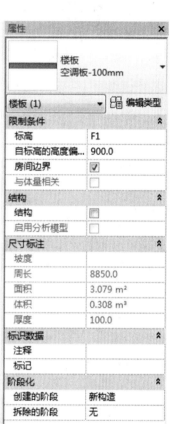

图 6 – 15   (b) 修改空调顶板参数

6.2.2   添加室外百叶窗墙

切换至 F1 楼层平面视图。适当缩放空调板位置，将在Ⓕ ~ Ⓗ轴线间空调板外边缘放置百叶窗墙体图元。

操作提示：

1. 定义百叶墙的类型

复制创建与外墙饰面相同的 120 mm 厚墙体，修改墙体参数如图 6 – 16 所示，单击确定。

2. 创建百叶窗墙体

单击"建筑"选项卡"构建"面板中的"墙"工具中"墙.建筑"选项，自动切换到"修改|放置墙"上下文关联选项卡，在"修改|放置墙"选项栏设置墙体生成方式为"高度"、"未连接"、

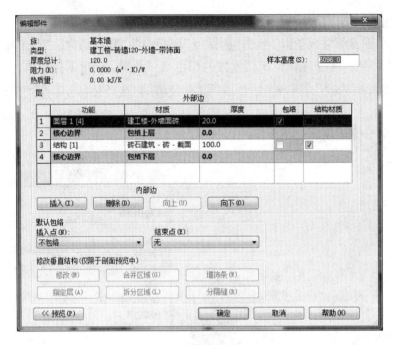

图 6-16　百页窗墙体参数

"1500.0"、定位线："面层面：外部"，"属性"面板中，"底部限制条件"为"F1"，"底部偏移"为"-600.0"。如图 6-17 所示。捕捉墙体端点，创建百叶窗墙体，如图 6-18 所示。

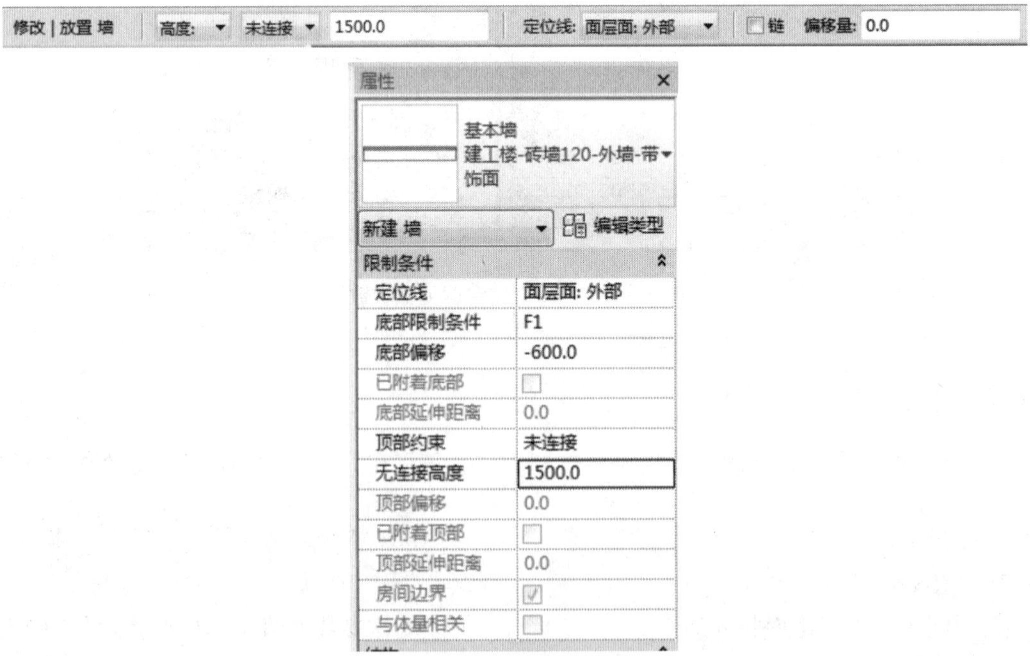

| 修改\|放置 墙 | 高度： ▼ | 未连接 ▼ | 1500.0 | | 定位线：面层面：外部 ▼ | □ 链 | 偏移量： 0.0 |

属性

基本墙
建工楼-砖墙120-外墙-带
饰面

新建 墙　　　▼　　编辑类型

限制条件

定位线	面层面：外部
底部限制条件	F1
底部偏移	-600.0
已附着底部	□
底部延伸距离	0.0
顶部约束	未连接
无连接高度	1500.0
顶部偏移	0.0
已附着顶部	□
顶部延伸距离	0.0
房间边界	☑
与体量相关	□

图 6-17　绘制百页窗墙体设置

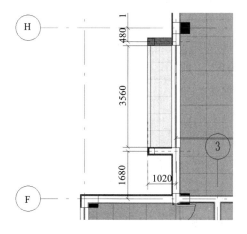

图 6 – 18　绘制百叶窗墙体

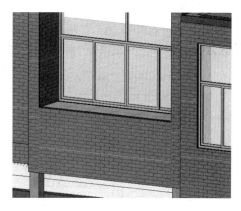

图 6 – 19　百叶窗墙体效果

3.调整百叶墙的位置以及显示三维效果图

为了使空调墙体获得正确的立面投影效果,配合过滤器选择两块空调板,向内移动20 mm,切换到默认三维视图,如图 6 – 19 所示。

6.2.3　添加百叶窗

操作提示:

1.载入百叶窗族

单击"建筑"选项卡"构建"面板中的"窗"工具,自动切换至"修改|放置窗"上下文选项卡,载入"China/建筑/窗/普通窗/百叶窗/百叶窗 1.rfa"族文件,在指定类型中选择一种类型"900×900",单击"确定"。

2.定义百叶窗的名称

在"属性"面板中选择"百叶窗 1900×900","编辑类型"复制创建名称为"3650×1300"、宽度为:3650 mm、高度为:1300 mm 的新百叶窗类型,如图图 6 – 20 所示,注意修改"默认窗台高度"值为:0.0。

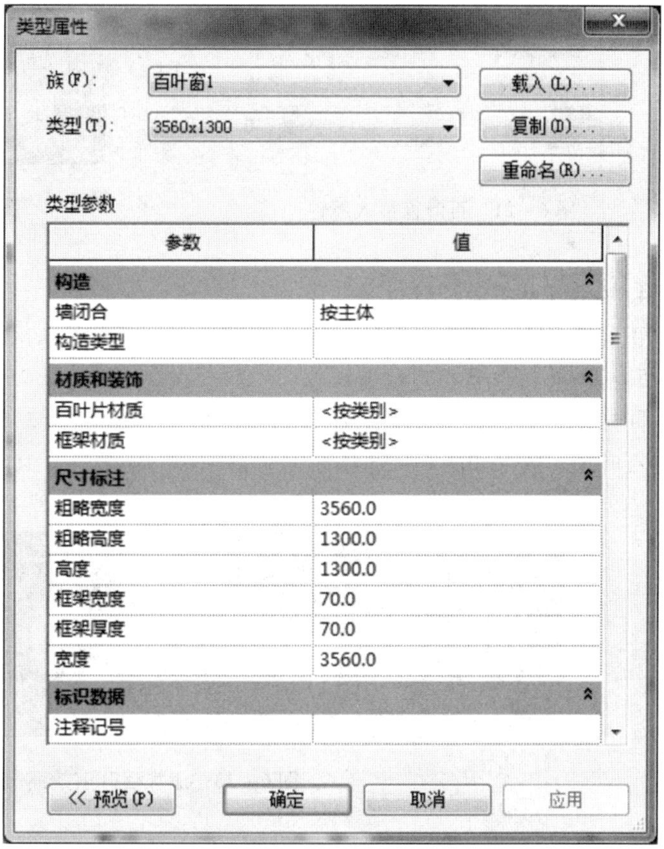

图 6 – 20　百叶窗类型属性

3. 插入百叶窗

单击"建筑"选项卡"构建"面板中的"窗"工具,确认属性面板中窗类型为"百叶窗",在百叶窗墙上插入百叶窗,注意调整百叶窗"属性"面板,限制条件中"标高"为"F1","底高度"值为"-500.0","顶高度"相应自动修改为"800.0",如图 6-21 所示。

图 6-21　百叶窗插入属性

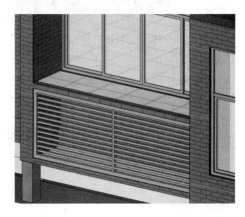

图 6-22　插入百叶窗效果

4. 显示百叶窗的三维效果

正确插入百叶窗后,切换到默认三维视图,如图图 6-22 所示。

5. 插入其他位置的百叶窗

同样,北向立面插入尺寸为 4760×1300 的百叶窗,综合运用编辑命令,复制创建其他位置的百叶窗,效果如图 6-23 所示。

图 6-23　添加百叶窗效果

学习单元 7　创建扶手、楼梯与洞口

任务7.1　创建扶手栏杆

Revit Architecture 中提供了扶手、楼梯、坡道等工具，通过定义不同的扶手、楼梯的类型，可以在项目中生成各种不同形式的扶手、楼板构件。

7.1.1　创建女儿墙栏杆

实训：创建建工楼项目女儿墙栏杆如图7－1，熟悉栏杆扶手的有关操作。

在 Revit Architecture 中扶手由两部分组成，即扶手与栏杆，在创建扶手前，需要在扶手类型属性对话框中定义扶手结构与栏杆类型。扶手可以作为独立对象存在，也可以附着于楼板、楼梯、坡道等主体图元。

操作提示：

1. 打开扶手工具

打开建工楼项目，切换至 F4 楼层平面视图，适当放大建工实训基地女儿墙部分。如图 7－2 所示，单击"建筑"选项卡"楼梯坡道"面板中的"扶手"工具，进入"修改|创建扶手路径"模式，自动切换至"修改|创建扶手路径"上下文选项卡。

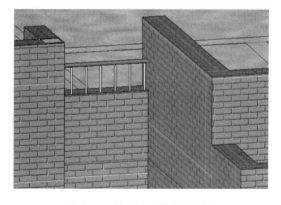

图 7－1　绘制女儿墙栏杆效果

图 7－2　"栏杆扶手"工具

2. 定义扶手类型

在"属性"面板类型选择器扶手类型列表中选择扶手类型为"钢楼梯900 mm 圆管"。单击

"编辑类型"按钮,打开扶手"类型属性"对话框。单击"复制"按钮,新建名称为"建工楼 –
400 mm – 女儿墙栏杆"扶手新类型,如图7 – 3所示。类型选择器中,默认扶手类型列表取决
于项目样板中的预设扶手类型。

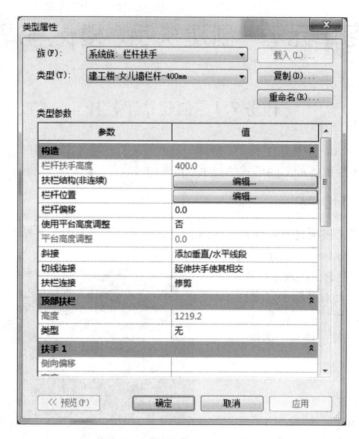

图7 – 3 "栏杆扶手"类型属性

3.定义扶手结构参数

(1)定义扶栏结构参数

单击"类型属性"对话框中"扶栏结构"参数后的"编辑"按钮,弹出"编辑扶手"对话框。
如图7 – 4所示,设置第1行"扶手1"轮廓为"公制_圆形扶手:50 mm",修改扶手材质为"建
工楼 – 抛光不锈钢",该材质基于材质对话框"金属"材质类中的"抛光不锈钢"材质复制建
立。设置完成后,单击"确定"按钮返回"类型属性"对话框。

(2)定义扶栏位置参数

单击"类型属性"对话框中"栏杆位置"参数后的"编辑"按钮,弹出"编辑栏杆位置"对话
框。如图7 – 5所示,在"栏杆扶手族"列表中"主样式"框内,选择"M_栏杆 – 圆形:25 mm",
"底部"设置为"主体","底部偏移"值为" – 100.0","顶部"设置为"扶手","顶部偏移"值
为"0.0","相对前一栏杆的距离"值为"200.0","偏移值"为"0.0"。"支柱"框内的设置:
"起点支柱"的"栏杆族"设置为"无","支转角支柱"因为本任务中没有,修改与否,并不会
影响效果,"终点支柱"的"栏杆族"设置为"无",即不在这些位置放置起终点栏杆,其他参数

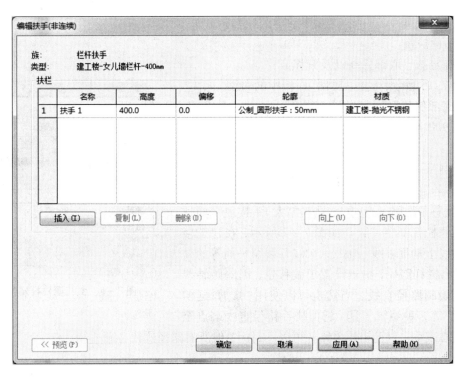

图 7-4 编辑扶手属性

参照图中所示。设置完成后，单击"确定"按钮，返回"类型属性"对话框。

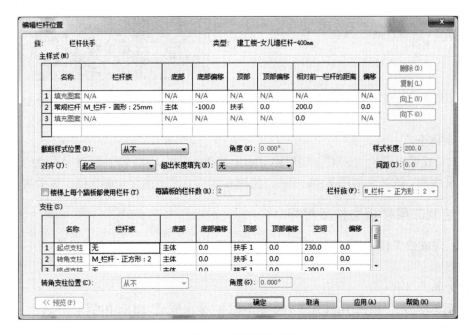

图 7-5 编辑栏杆位置

（3）确定栏杆偏移量

修改"类型属性"对话框类型参数中的"栏杆偏移"值为0，单击"确定"按钮，退出"类型属性"对话框。

（4）确定扶手底部标高以及偏移值

如图7-6所示，设置"属性"面板中的"底部标高"为F4，"底部偏移"值设置为"900.0"，即扶手位于F4标高之上900 mm，其"底部"计算位置与女儿墙的顶面高度相同。

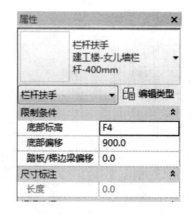

图7-6 女儿墙栏杆属性

4.绘制扶手

单击"绘制"面板中的"直线"绘制方式，设置选项栏中的"偏移值"为"-60.0"，适当放大F4楼层平面视图的女儿墙栏杆安装位置。如图7-7所示，在建工楼女儿墙轴线上捕捉轴线与轴线、轴线与参照平面等的交点，绘制出栏杆路径，由于设置了偏移量，因些距轴线60 mm处绘制路径直线。当然也可以使用"修剪/延伸单个图元"等多种编辑工具，延伸扶手路径直线端点至两侧墙核心表面。注意：扶手路径可以不封闭，但所有路径迹线必须连续。

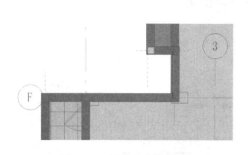

图7-7 创建女儿墙栏杆

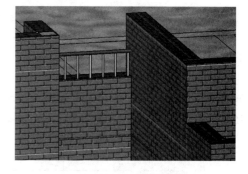

图7-8 绘制女儿墙栏杆效果

5.显示扶手的三维效果

单击"完成编辑模式"按钮完成扶手，Revit Architecture 将在绘制的路径位置生成扶手。切换至三维视图，该扶手如图7-8所示。使用相同的方式，在女儿墙其他位置放置扶手。

7.1.2 绘制二层楼板边扶手栏杆

实训：完成建工楼项目二层楼梯板边扶手栏杆，属性扶手栏杆的有关操作

操作提示：

1.打开扶手工具

切换至F2楼层平面视图，【建筑】选项卡中的"楼梯坡道"面板中的【栏杆扶手】下的"绘制路径"工具。

2.定义扶手类型

在"栏杆扶手"属性面板中,点击"编辑类型",打开"类型属性"对话框,在"类型"中选择"不锈钢玻璃嵌板栏杆 – 2",以此为基础复制创建"建工楼 – 二层不锈钢玻璃嵌板栏杆"栏杆扶手,如图 7 – 9 所示。

图 7 – 9　创建二层栏杆扶手

3.定义扶手结构参数

(1)定义扶栏结构参数

点击"栏杆结构(非连续)"的"编辑"按钮,打开"编辑扶手"对话框,修改"高度"为"1100","材质"为"建工楼 – 抛光不锈钢",相关参数如图 7 – 10 所示,单击"确定"按钮,返回"类型属性"对话框。

(2)定义栏杆位置参数

点击"栏杆位置"的"编辑"按钮,打开"编辑栏杆位置"对话框,修改相关参数如图 7 – 11 所示,单击"确定"按钮,返回"类型属性"对话框。

(3)确定栏杆偏移值

修改"栏杆偏移"值为"0.0",其他参数不变,单击"确定"按钮,完成"类型属性"编辑。

4.创建扶手

捕捉Ⓒ轴与①轴和⑤轴的交点,绘制出二层楼层的模型室楼板边缘的扶手栏杆路径,完成扶手操作。

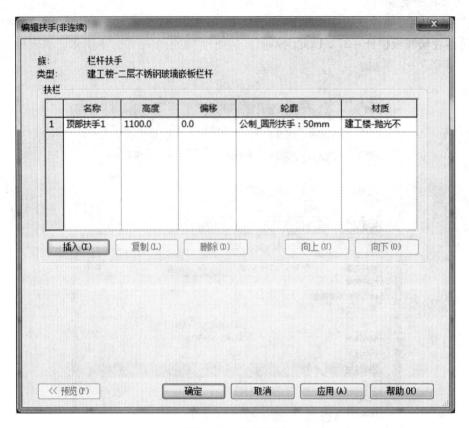

图 7 - 10 编辑扶手

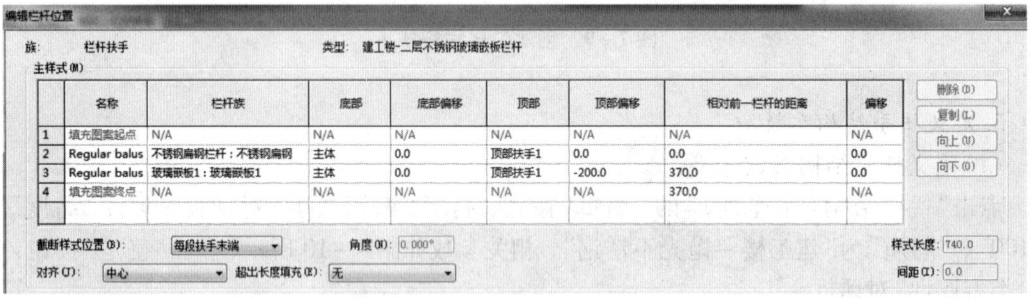

图 7 - 11 编辑栏杆位置

5. 显示扶手栏杆的三维效果

点击"默认三维视图"下的照相机视图 ▣相机，在适当位置放置相机，得到相应相机视图，如图 7 - 12 所示。

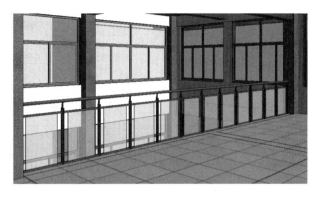

图 7 – 12　二楼栏杆相机视图效果

7.1.3　栏杆实例

Revit Architecture 中的扶手由"扶手"和"栏杆"两部分构成，可以分别指定扶手各部分使用的族类型，从而灵活定义各种形式的扶手，如图 7 – 13 所示为几种使用 Revit Architecture 定义的不同扶手。

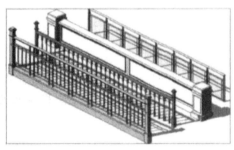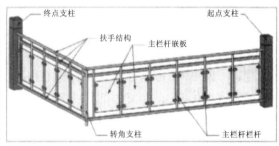

图 7 – 13　栏杆与扶手

"扶手结构"由一系列在"编辑扶手"对话框中定义的轮廓族沿扶手路径放样生成。栏杆是指在"编辑栏杆位置"对话框中，由用户指定的主要栏杆样式族，按指定的间距沿扶手路径阵列分布，并在扶手的起点、终点及转角点处放置指定的支柱栏杆族。

如图 7 – 14 所示，在定义"扶手结构"的"编辑扶手"对话框中，可以指定各扶手结构的名称、距离"基准"的高度、采用的轮廓族类型及各扶手的材质。单击"插入"按钮可以添加新的扶手结构。虽然可以使用"向上"或"向下"按钮修改扶手的结构顺序，但扶手的高度由"编辑扶手"对话框中最高的扶手决定。

图 7 – 14 显示了使用"编辑扶手"对话框中的参数定义的扶手剖面视图，注意最终生成的扶手的结构高度与"编辑扶手"对话框中定义的高度相同。图中垂直参照平面表示绘制扶手时，扶手中心线的位置，在"编辑扶手"对话框中，"偏移"参数用来指定扶手轮廓基点偏离该中心线左、右的距离。Revit Architecture 扶手的剖面不会显示中心线。

在定义"栏杆结构"的"编辑样板位置"对话框中，可以设置主样式中使用的一个或几个

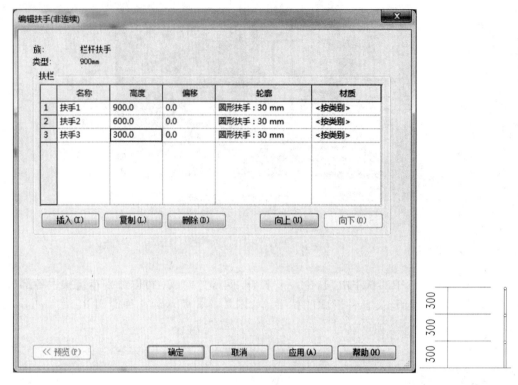

图 7-14　编辑扶手

栏杆或栏板。如图 7-15 所示,为扶手定义了一个栏杆和一个嵌板,并分别定义了各样式名称为"栏杆"和"嵌板";所使用的栏杆族分别为"栏杆 - 圆形:25 mm"和"嵌板 - 玻璃:800 mm";"栏杆"样式在高度方向的起点为主体,即从栏杆的主体或实例属性中定义的标高及底部偏移位置开始,至名称为"扶手 1"的扶手结构处结束;"嵌板"样式在高度方向的起点在名称为"扶手 3"的扶手结构之下 50 mm 处,直到"扶手 2"扶手结构处之上 50 mm 处结束,与栏中心线偏移值为 0。

　　在主样式设置中,可以设置主样式中定义栏杆的"截断样式位置",即当绘制的扶手带有转角时,且转角处的剩余长度不足以生成完成的主样式栏杆时,如何截断栏杆。Revit Architecture 提供了 3 种截断方式:"每段扶手末端"、"角度大于"或"从不"。还可以设置"对齐"选项,指定 Revit Architecture 第一根栏杆对齐扶手的位置。

　　在"编辑栏杆位置"对话框中还可以自由指定扶手转角处、起点和终点所使用的支柱样式和使用的族。

实训:创建图 7-16 扶手,熟悉扶手栏杆的操作。

操作提示:

　　(1)分析栏杆样式的组成规律(如图 7-17 所示),自定义扶手;

　　(2)载入族(如图 7-18 所示);

　　(3)编辑扶手(如图 7-19 所示);

　　(4)编辑栏杆位置(如图 7-20 所示);

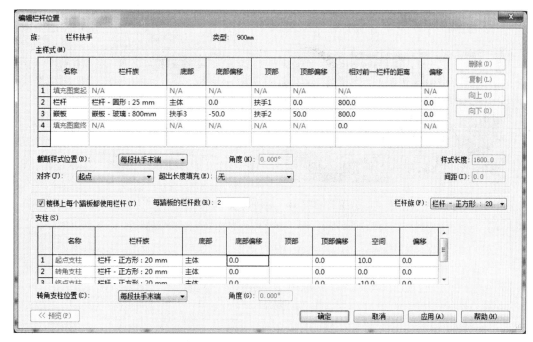

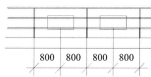

图 7－15　编辑栏杆位置

图 7－16　栏杆示意图

(5)返回属性对话框,并修改栏杆偏移值为"0"(如图 7－21 所示);

(6)创建扶手(如图 7－22 所示);

(7)编辑扶手有关参数:

继续编辑栏杆位置,并把对齐方式改为"中心",超出长度填充:"正方形栏杆:25 mm",间距:"100"(如图 7－23 所示);

(8)定义支柱(如图 7－24 所示);

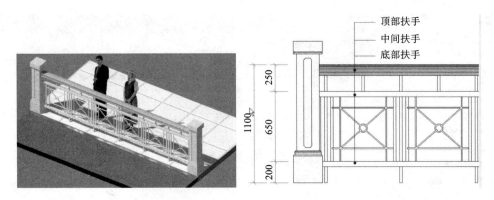

图 7 - 17(a)　栏杆与扶手样式

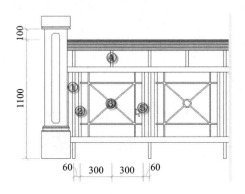

图 7 - 17(b)　栏杆与扶手组成

图 7 - 18　载入扶手与栏杆族

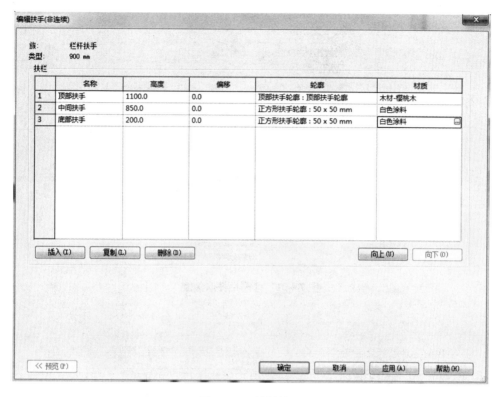

图 7 - 19　编辑扶手

图 7 - 20　编辑栏杆位置

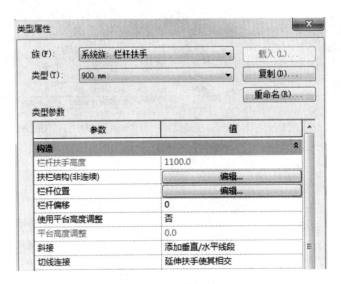

图 7 - 21　修改栏杆偏移值

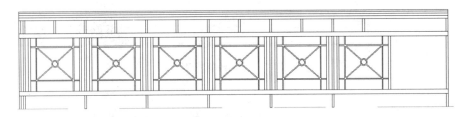

图 7 - 22　编辑完成扶手栏杆效果

图 7 - 23　修改对齐方式、超出长度等参数

图 7-24　设置支柱参数

（9）设置中间（转角）支柱：

用"拆分"工具 ⬓ 把栏杆拆分成首尾相连的两段，中间产生了一个中间节点（转角节点），转角支柱即自动增加，切换至三维视图，得到图 7-25 效果图。

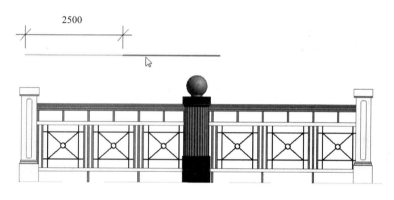

图 7-25　设置中间支柱后效果

任务7.2　创建楼梯

使用楼梯工具，可以在项目中添加各种样式的楼梯。在 Revit Architecture 中，楼梯由楼梯和扶手两部分构成。在绘制楼梯时，可以沿楼梯自动放置指定类型的扶手。与其他构件类似，在使用楼梯前应定义好楼梯类型属性中各种楼梯参数。

7.2.1　创建楼梯

实训：添加建工楼的楼梯如图 7-26，熟悉楼梯的操作。

操作提示：

1. 隐藏楼板操作

打开建工楼项目文件，切换至 F1 楼层平面视图，适当缩放视图至 5 轴线至 7 轴线之间需设置楼梯部位。选择楼板等构件，"视图控制栏"中"临时隐藏/隔离"按钮中的"隐藏图元"选项，隐藏楼板，使图面清晰。

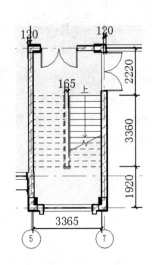

图 7 – 26　添加建工楼楼梯 A

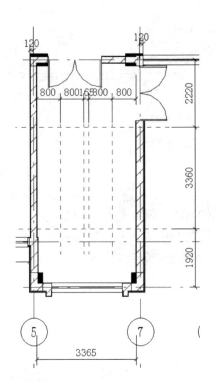

图 7 – 27　绘制楼梯 A 参照平面

2. 绘制参照平面

使用"参照平面"工具，如图 7 – 27 所示，在楼梯间绘制参照平面。

3. 选择楼梯工具

单击"建筑"选项卡"楼梯坡道"面板中的"楼梯"工具，选择"创建楼梯草图"模式，并自动切换至"修改 l 创建楼梯草图"上下文选项卡。该选项卡与楼板、扶手等绘制模式类似。

4. 定义楼梯类型

单击"属性"面板中的"编辑类型"按钮，打开楼梯"类型属性"对话框。在"类型属性"对话框中，选择楼梯类型为"整体板式 – 公共"，复制出名称为"建工楼 – 楼梯 A"的新楼梯类型，修改"类型属性"如图 7 – 28 所示。

（1）在"计算规则"参数中，"最小踏板深度"为"280.0"，"最大踢面高度"为"150.0"；

（2）"构造"参数中，确认勾选构造参数分组中"整体浇筑楼梯"；修改"功能"为"外部"；

（3）"图形"参数中，勾选"平面中的波折符号"选项，设置"文字大小"为"3.000 mm"，"文字字体"为"仿宋"，该选项将在楼梯平面投影中显示上楼或下楼的指示文字（具体文字内容在楼梯属性面板中设置）；

（4）"材质和装饰"参数中，修改"踏板材质"和"踢面材质"为"建工楼 – 花岗岩"，修改"整体式材质"为"建工楼 – 现场浇注混凝土"；

（5）"踏板"参数中，"踏板厚度"为"15.0"，"楼梯前缘长度"为"5.0"，"楼梯前缘轮廓"为"默认"；

（6）"踢面"参数中，勾选"开始于踢面"、"结束于踢面"，"踢面类型"为"直梯"，"踢面厚度"为"15.0","踢面至踏板连接"为"踏板延伸至踢面下";"梯边梁"参数中,"在顶部修剪梯边梁"方式为"匹配标高",仅修改"楼梯踏步梁高度"为"120.0"、"平台斜梁高度"为"150.0",由于前面设置中,勾选了"整体浇筑楼梯"选项,因此梯边梁选项不可用。设置完成后,单击"确定"按钮,退出"类型属性"对话框。

图7-28 楼梯A类型参数

图7-29 楼梯A属性

5.确定楼梯的标高限制条件以及图形等参数

如图7-29所示,修改"属性"面板中楼梯"基准标高"为标高F1,""顶部标高"为标高F2;设置图形参数分组中,"文字(向上)"为"上","文字(向下)"为"下",即根据楼梯的上、下楼方向,标注文字为"上"、"下";设置尺寸标注参数分组中的楼梯"宽度"为"1600"其他参数参照图中所示。注意 Revit Architecture 已经根据类型参数中设置的"最大踢面高度值"和楼梯的基准标高和顶部标高限制条件,自动计算出所需的踢面数为 26。单击"应用"按钮应用该设置。

6. 定义扶手类型

单击"工具"面板中的"扶手类型"按钮,弹出"扶手类型"对话框,如图 7 – 30 所示在扶手类型列表中选择"不锈钢玻璃嵌板栏杆 – 900 mm",单击"确定"按钮退出。

在 Revit Architecture 中,设置楼梯扶手时允许用户指定扶手生成的位置,在扶手类型对话框中,可以设置扶手沿踏步边缘生成还是沿梯边梁位置生成。

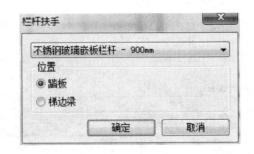

图 7 – 30　楼梯 A 属性

7. 创建楼梯

根据前面绘制的参照平面,移动鼠标指针至相应参照平面交点位置单击,确定为梯段起点和终点。在移动鼠标指针过程中,注意 Revit Architecture 会显示从梯段起点至鼠标当前位置已创建的踢面数及剩余的踢面数。当创建的踢面数为 13 时,单击完成第一个梯段。同样根据参照平面位置,完成第二段梯段的绘制。完成第二段梯段时,Revit Architecture 提示"剩余 0 个"时,单击指针完成第二个梯段,完成后的梯段如图 7 – 31 所示。Revit Architecture 会自动使用绿色的边界线连接两段梯段边界,该位置将作为楼梯的休息平台。默认该平台的宽度与楼梯"实例属性"对话框中设置的"宽度"相同。

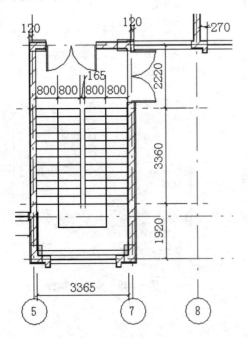

图 7 – 31　楼梯 A 平面视图

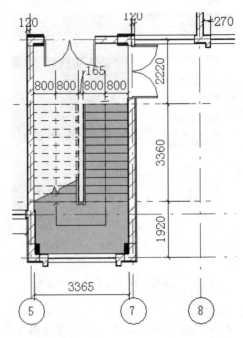

图 7 – 32　删除楼梯 A 平面视图

选择休息平台楼梯边界线,对齐至墙体核心层边界。单击"模式"面板中的"完成编辑模式"按钮,完成楼梯。Revit Architecture 将按绘制的楼梯草图生成三维楼梯。在平面视图中生成楼梯投影。在 Revit Architecture 中创建楼梯时,绘制梯段的起点将作为楼梯的"上楼"位置。Revit Architecture 默认会以楼梯边界线为扶手路径,在梯段两侧均生成扶手。在 F1 楼层平面视图中选择楼梯外侧靠墙扶手,按键盘 Delete 键删除该扶手,完成后的楼梯平面视图如图 7 - 32 所示。注意:在编辑模式下绘制的参照平面,在完成编辑后将不会显示在视图中。只有再次进入编辑模式后,才能查看和修改草图中的参照平面。

8.显示楼梯的三维效果

切换默认三维视图,并在属性对话框中,勾选"剖面框",适当调整剖面框位置,使之剖切到楼梯位置,如图 7 - 33 所示。

9.复制生成其他楼层的楼梯

按住 Ctrl 键选择楼梯和扶手,复制到剪贴板并使用对齐粘贴工具粘贴至 F2、F3 标高。图 7 - 34 中显示了完成后楼梯的三维形式。注意,由于楼板和天花板还未开洞口,因此,楼梯在三维视图上会与楼板和天花板相交。

实训:添加建工楼②~④轴线与Ⓛ~Ⓜ轴线之间的楼梯 B,如图 7 - 35 所示,不再赘述。

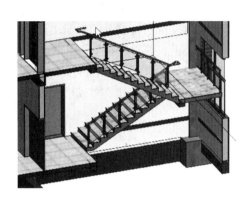

图 7 - 33　楼梯 A 一层效果图

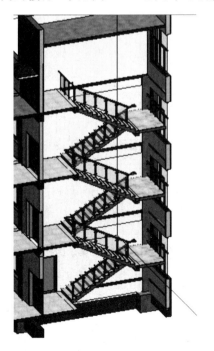

图 7 - 34　楼梯 A 三层效果图

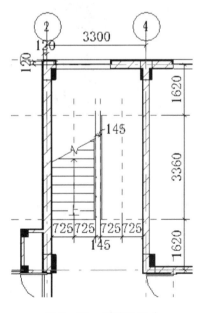

图 7 - 35　楼梯 B 尺寸

7.2.2 修改楼梯扶手

在 Revit Architecture 中绘制楼梯后,Revit Architecture 默认会自动沿楼梯草图边界线生成扶手。Revit Architecture 允许用户根据设计要求再次修改扶手的迹线和样式。

实训:修改建工楼项目楼梯扶手,以满足楼梯设计要求。

操作提示:

1.删除第二跑段以及梯井处的扶手

打开建工楼项目文件,切换至 F1 楼层平面视图,适当放大南向楼梯间位置。选择楼梯自动切换至"修改|栏杆扶手"上下文选项卡。单击"模式"面板中的"编辑路径"工具,进入"修改|栏杆扶手 > 编辑路径"状态。

如图 7-36 所示,选择左侧梯段以及梯井处扶手,按键盘 Delete 键盘将其删除。完成后单击"完成编辑模式"按钮,完成扶手编辑。

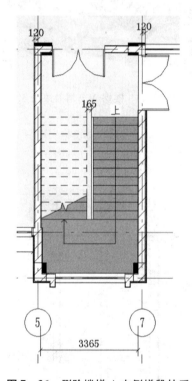

图 7-36 删除楼梯 A 左侧梯段扶手

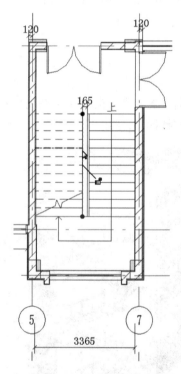

图 7-37 拾取楼梯 A 第二跑梯段边界

2.创建第二跑段扶手

(1)选择扶手类型

单击"建筑"选项卡"楼梯坡道"面板"栏杆扶手"下的"绘制路径"工具,确认当前扶手类型为"不锈钢玻璃嵌板栏杆 -900 mm",模式为"拾取线"。确认选项栏中的偏移量为"0.0",不勾选"锁定"选项。

(2)创建扶手

如图 7-37 所示,拾取楼梯 A 第二跑梯段边界位置,Revit Architecture 将沿该梯段方向生成扶手迹线。单击"工具"面板中的"拾取新主体"选项,单击拾取上一步中的楼梯图元,将楼梯作为扶手主体。单击"完成编辑模式"按钮,完成扶手迹线,Revit Architecture 将沿楼梯梯段方向生成扶手。如图 7-38 所示。

注意:可以作为扶手主体的对象有楼板、楼梯和坡道。设置主体后,扶手将以主体标高作为起始高度,设置主体后的扶手在删除主体时也将自动删除。

3. 修改其他标高位置的扶手

重复上述操作,修改编辑 F2、F3 标高相同位置的扶手。

4. 二三层楼梯扶手的进一步设置

(1)载入接头族

单击"插入"选项卡"从库中载入"面板中的"载入族"按钮,选择"扶手接头.rfa"族文件,单击"打开"按钮载入该族。

(2)定义扶手接头的有关参数

选择任意扶手,打开扶手"类型属性"对话框。单击"栏杆位置"后的"编辑"按钮,打开"编辑栏杆位置"对话框。如图 7-39 所示,修改"支柱"列表中的"End Post(终点支柱)"为上一步中载入的"扶手接头:梯井 160",修改"空间"值为 0,偏移值为 25。完成后单击"确定"按钮两次,退出"类型属性"对话框。

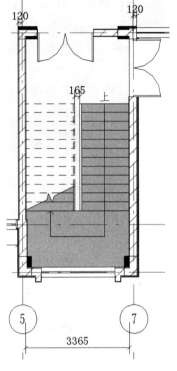

图 7-38 生成楼梯 A 第二跑梯段扶手

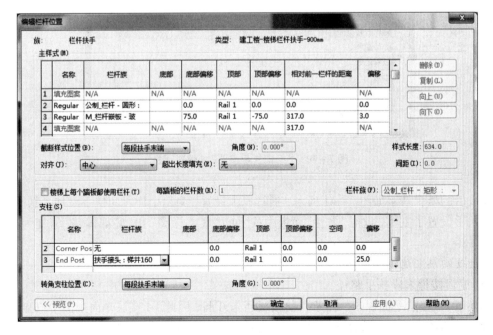

图 7-39 "编辑栏杆位置"对话框

(3)修改扶手接头参数

由于建工楼的梯井尺寸为165 mm,材料为不锈钢,而载入的"扶手接头"族的"梯井160"与建工楼的楼梯梯井尺寸不符,材料也不同,因些需要作修改。项目浏览器中,打开"族\栏杆扶手\扶手接头",双击打开"梯井160",复制创建"梯井165",修改"接头材质"为"建工楼—抛光不锈钢","梯井宽度"为"165.0",其他参数不变,如图7-40所示,重新打开"建工楼-楼梯栏杆扶手-900 mm"对话框,修改"支柱"列表中的"End Post(终点支柱)"为"扶手接头:梯井165",使扶手接头连接正确。

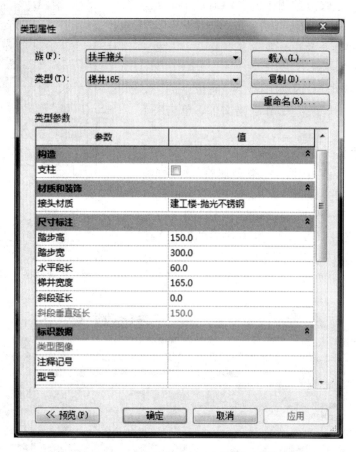

图7-40 "编辑扶手接头"参数对话框

完成后的楼梯扶手如图7-41所示,通过以上设置,为每个梯段间扶手添加了扶手接头。由于为扶手设置了主体,此时"属性"面板中扶手的"底部标高"和"底部偏移"值变为不可用状态。

5.修改四层末端楼梯扶手

(1)编辑楼梯末段扶手路径

切换至F4楼层平面视图。由于目前楼板还未开洞,因此F4楼层平面视图中仅显示已到达该标高中的楼梯扶手。选择5~7轴线间左侧梯段的楼梯扶手,单击"模式"面板中的"编辑路径"按钮,进入扶手路径编辑模式。

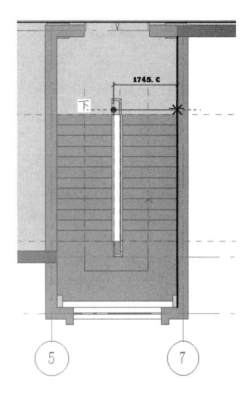

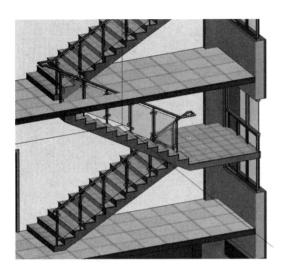

图 7 - 41　增加扶手接头后的楼梯效果　　　　图 7 - 42　末段楼梯路径

　　单击绘制面板中的"直线"绘制模式，勾选选项栏中的"链"选项，确认偏移量为 0。捕捉至扶手已有路径上部端点并单击，作为路径起点，沿垂直方向向上绘制 100 mm 长的直线，继续水平向右绘制直线至内墙核心表面。如图 7 - 42 所示，完成后单击"完成编辑模式"按钮，完成扶手栏杆路径的绘制。

　　（2）编辑楼梯末端扶手有关参数

　　选择上一步骤中生成的扶手，打开扶手"类型属性"对话框。单击"复制"按钮，复制建立名称为"建工楼 – 楼梯栏杆扶手末段 – 900 mm"的新类型。单击"栏杆位置"后的"编辑"按钮，打开""编辑栏杆位置"对话框。如图 7 - 43 所示，修改"支柱"列表中的"End Post（终点支柱）"为"公制 – 栏杆 – 圆形：50 mm"，其他参数参见图中所示。完成后单击"确定"按钮两次，退出类型属性对话框。

　　（3）编辑扶手末端平台段高度

　　在建筑设计中要求平台段扶手高度大于 1050。目前编辑后的扶手平台段高度与扶手类型中设置的 900 mm 高相同。完成后的扶手如图 7 - 44 所示。

　　选择上一步骤中生成的楼梯扶手，打开扶手"类型属性"对话框。如图 7 - 45 所示，修改"使用平台高度调整"选项为"是"，"平台高度调整"值为 150，即在扶手水平部分，Revit Architecture 将修改扶手高度比扶手结构中定义的高度高 150；修改"斜接"方式为"添加垂直/水平线段"方式，"切线连接"方式为"延伸扶手使其相交"，"扶手连接"为"接合"。设置完成后单击"确定"按钮，退出"类型属性"对话框。Revit Architecture 将调整扶手水平段为 1050 mm。

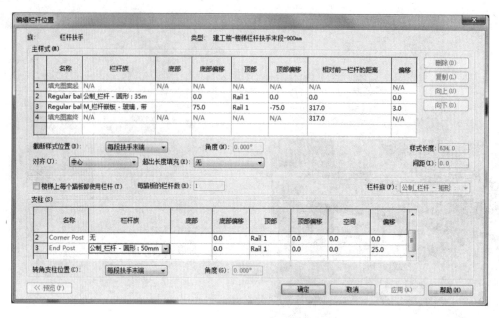

图 7-43　修改栏杆扶手支柱末端栏杆族

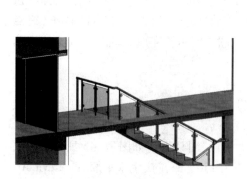

图 7-44　完成栏杆扶手后效果

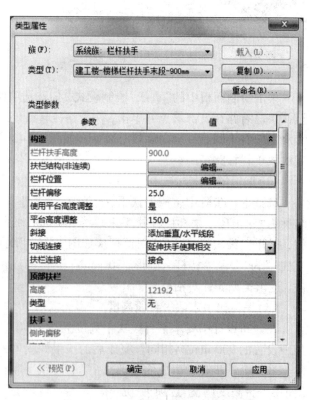

图 7-45　修改建工楼 - 楼梯栏杆扶手末段
-900 mm 类型属性

6.显示楼梯扶手末端的三维效果

切换至默认三维视图，并作适当调整后的效果如图 7 - 46 所示。

任务7.3　创建洞口

在项目中添加楼板、天花板等构件后，需
要在楼梯间、电梯间等部位的楼板、天花板及
屋顶上创建洞口。在创建楼板、天花板、屋顶
这些构件的轮廓边界时，可以通过边界轮廓来
生成楼梯间、电梯井等部位的洞口，也可以使
用 Revit Architecture 提供的洞口工具在创建完
成的楼板、天花板上生成洞口。

**实训一：使用洞口边界的方式为建工楼项
目楼梯间位置添加洞口，熟悉洞口的有关
操作。**

图 7 - 46　修改扶手高度后的效果

操作提示：

一、创建剖切视图

1.打开剖面视图工具

切换至 F1 楼层平面视图，适当放大 5 ~ 7 轴线间楼梯间位置。如图 7 - 47 所示，单击"视
图"选项卡"创建"面板中的"剖面"按钮，进入"剖面"视图创建状态。自动切换至"剖面"上
下文选项卡。在"属性"面板"类型选择器"中选择"建筑剖面 - 国内符号"作为当前剖面类
型；确认选项栏中"比例"为 1：100，不勾选"参照其他视图"选项，设置偏移量为 0。

图 7 - 47　剖面工具

2.确定剖切位置

如图 7 - 48 所示，移动鼠标指针至楼梯间⑤ ~ ⑦轴线之间、第一段楼梯、⑭轴线下方开
始，单击鼠标左键作为剖面起点，沿垂直方向向上移动鼠标指针，当剖面线长度超过楼梯间
进深时，单击鼠标左键作为剖面终点，在该位置绘制剖面线，并在项目浏览器中新建"剖面
（建筑剖面 - 国内符号）"视图类别，"属性"面板中，标识数据选项的"视图名称"中，自创建
"Section 0"剖面图，修改名称为"A—A"。

3.打开剖面视图

在项目浏览器中，展开"剖面（建筑剖面 - 国内符号）"视图类别，该选项下有"A—A"剖面,双击切换至该视图,显示模型在该剖面位置的剖切投影,并以涂黑的方式显示楼板的剖切截面,如图7-49所示。

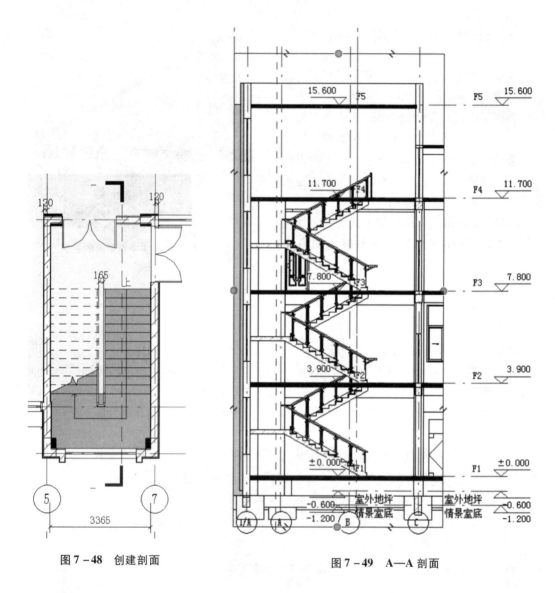

图7-48　创建剖面

图7-49　A—A剖面

二、创建洞口操作

1.打开洞口工具

如图7-50所示,单击"建筑"选项卡"洞口"面板中的"垂直"洞口工具,该工具将垂直于标高平面方向为构件添加洞口。

2.选择F2楼板

在剖面视图中移动鼠标指针至F2楼板处,单击选

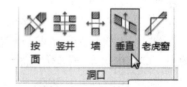

图7-50　垂直洞口工具

择该楼板,为所选择的楼板进行添加洞口修改操作,Revit Architecture弹出"转到视图"对话框,如图7-51所示。在视图列表中选择"楼层平面:F2",单击"打开视图"按钮,打开F2楼

层平面视图，并进入"创建洞口边界"编辑模式。

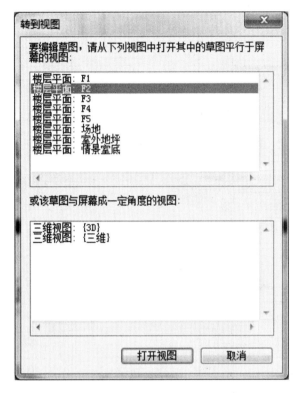

图 7-51   "转到视图"对话框

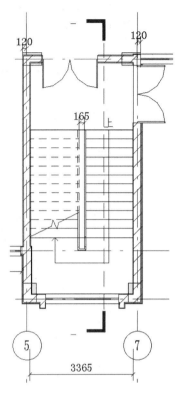

图 7-52   创建洞口边界

3. 创建洞口边界，完成洞口操作

与创建楼板等构件类似，使用"绘制"面板中的"拾取线"绘制模式，确认选项栏中的"偏移"为 0；沿楼板梯界拾取，绘制洞口边界，并使用修剪工具修剪洞口边界线，使其首尾相连，结果如图 7-52 所示，单击"模式"面板中的"完成编辑模式"按钮完成洞口。

4. 创建其他楼板洞口操作

切换至 A-A 剖面视图。移动鼠标指针至楼板洞口边缘位置，利用 Tab 键选取洞口，注意，状态栏中的高亮显示构件为"楼板洞口剪切：洞口截面"时单击鼠标左键选择洞口。复制到 Windows 剪贴板，使用"粘贴—与选定的标高对齐"方式对齐粘贴至 F3、F4 标高，在 F3、F4 标高楼板相同位置生成楼板洞口。完成洞口后楼板如图 7-53 所示。

使用"垂直洞口"工具为构件开洞时，一次只能为所选择的单一构件创建洞口。可以使用"竖井洞口"工具，为垂直高度范围内的所有楼板、天花板、屋顶及檐底板构件创建洞口。

实训二：使用竖井洞口工具为建工楼项目②～④轴线与Ⓛ～Ⓜ轴线之间楼梯位置创建洞口，熟悉竖井的有关操作。

操作提示：

1. 选择竖井工具

切换至 F1 楼层平面视图，适当放大②～④轴与Ⓛ～Ⓜ轴线之间楼梯位置。单击"建筑"

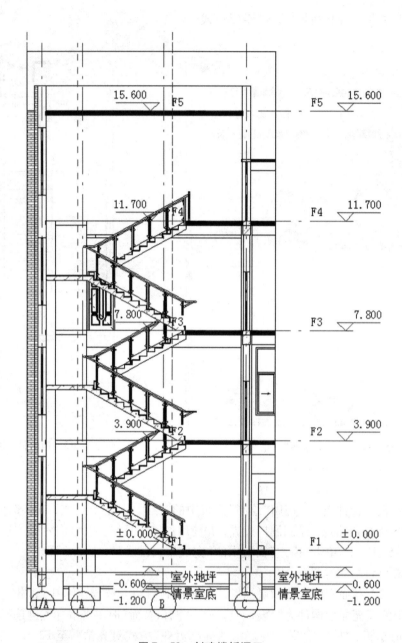

图 7 - 53 创建楼板洞口

选项卡"洞口"面板中的"竖井"按钮,进入"创建竖井洞口草图"状态,自动切换至"修改|创建竖井洞口草图"上下文选项卡。

2.绘制竖井洞口轮廓草图

确认"绘制"面板中的绘制模式为"边界线",绘制方式为"矩形";确认选项栏中的值为"0",不勾选"半径"选项。如图 7 - 54 所示,移动鼠标指针至Ｍ轴线与④轴线内墙核心层表面交点并单击,确定为矩形第一点。向左下方移动鼠标指针,在②轴线外侧任意点单击,完成矩形边界线。使用对齐工具对齐矩形底边界线至楼梯梯段起始位置。

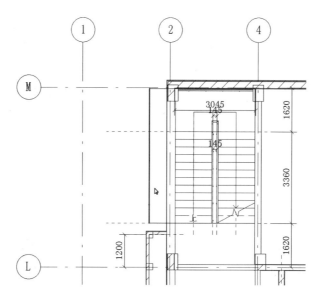

图 7－54　创建竖井洞口轮廓草图

3. 设置竖井的标高限制条件

在"属性"面板中修改"底部限制条件"为 F1 标高，"顶部约束"为"直到标高：F4"，"底部偏移"值为 900，即 Revit Architecture 将在 F1 标高之上 900 mm 处至 F4 标高之间的范围内创建竖井洞口。单击"应用"按钮应用该设置。

4. 完成竖井操作

单击"模式"面板中的"完成编辑模式"按钮完成竖井。Revit Architecture 将剪切高度内所有楼板、天花板。切换至三维视图，结果如图 7－55 所示。

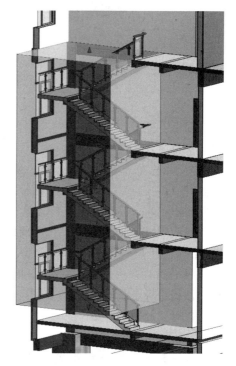

图 7－55　用竖井洞口切出楼梯 B

学习单元8 创建台阶、坡道和散水

任务8.1 创建台阶

在创建门厅入口处室外台阶之前,已在第5.3.2节中以创建室外楼板的方式添加了室外楼板。室外台阶可以室外楼板为基础,通过主体放样方式进行创建。创建主体放样图元的关键操作是创建并指定合适的轮廓。在 Revit Architecture 中可以自定义任意形式的轮廓族。

实训:建工楼项目添加生成室外台阶,熟悉"楼板边"工具的操作,如图8-1所示。

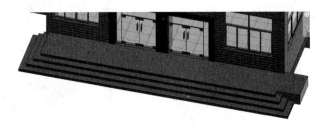

图8-1 主入口处室外台阶

操作提示:

1. 导入轮廓族

单击"应用程序菜单"按钮,选择"新建 – 族"命令,弹出"新族 – 选择样板文件"对话框。在对话框中选择"公制轮廓.rft"族样板文件,单击"打开"按钮进入轮廓族编辑模式。如图8-2所示,在该编辑模式默认视图中,Revit Architecture 默认提供了一组正交的参照平面。参照平面的交点位置,可以理解为在使用楼板边缘工具时所要拾取的楼板边线位置。

2. 绘制封闭的轮廓草图

使用"创建"选项卡"详图"面板中的"直线"工具,按图8-3所示尺寸和位置绘制封闭的轮廓草图。

图8-2 "公制轮廓"族样板

3. 定义轮廓族

单击快速访问栏中的"保存"按钮,以名称"4级室外台阶轮廓.rfa"保存该族文件。单击"族编辑器"面板中的"载入到项目中"按钮,将该族载入至综合楼项目中。

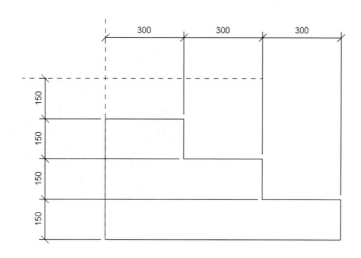

图 8 - 3　"4 级室外台阶轮廓"族

族将以.rfa 的格式保存。创建族后,必须将其载入至项目中,才能在项目中使用该族。

4.定义楼板边缘类型各参数

单击"建筑"菜单"构建"面板中的"楼板"工具下拉列表中"楼板边"工具 ![楼板:楼板边]，打开楼板边缘"类型属性"对话框,复制出名称为"建工楼 - 4 级室外台阶"的楼板边缘类型。设置类型参数中的"轮廓"为上一步中载入的"4 级室外台阶轮廓:4 级室外台阶轮廓",修改"材质"为"建工楼 - 地砖 - 室外",如图 8 - 4 所示。设置完成后,单击"确定"按钮,退出"类型属性"对话框。

5.生成室外台阶

适当放大主入口处楼板位置,单击拾取"建工楼 - 室外台阶 - 600 mm"楼板前侧上边缘,Revit Ar-

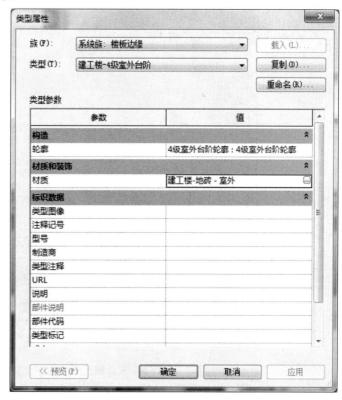

图 8 - 4　"4 级室外台阶"类型属性

chitecture 将沿楼板边缘生成台阶,同样拾到左侧边缘、右侧边缘,生成室外台阶,按 Esc 键两次完成楼板边缘。

6.设置台阶处的栏杆等附属结构物

西向辅入口处由于要设置栏杆,采用楼梯方式设置室外台阶,相应楼梯及栏杆设置、其尺寸等如图8-5所示。

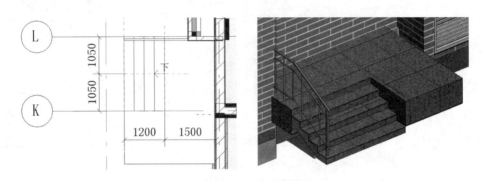

图8-5 西向辅入口处室外台阶

7.完成东向辅入口处台阶如图8-6所示

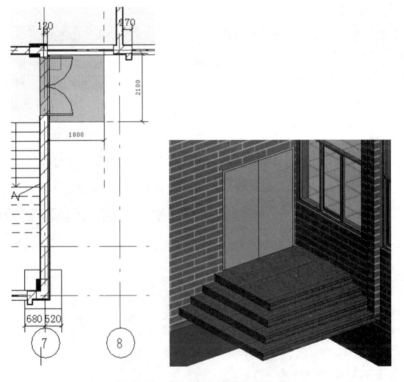

图8-6 东向辅入口处室外台阶

任务 8.2　创建坡道

Revit Architecture 提供了坡道工具，可以为项目添加坡道。坡道工具的使用与楼梯类似。

实训：添加建工楼项目南向及西向入口处的室外坡道，熟悉坡道工具的使用操作，如图 8 - 7 所示。

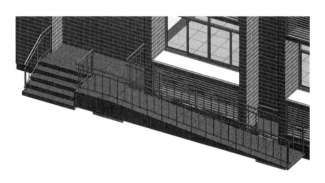

图 8 - 7　建工楼坡道示意图

操作提示：

1. 打开坡道工具

打开建工楼项目文件，切换至"室外地坪"楼层平面视图，适当缩放建工楼西向轴线间主入口处台阶位置。单击"建筑"选项卡"楼梯坡道"面板中的"坡道"工具，进入"修改丨创建坡道草图"状态，自动切换至"创建坡道草图"上下文选项卡。

2. 定义坡道各属性参数

单击"属性"面板中的"编辑类型"按钮，打开坡道"类型属性"对话框，复制出名称 为"建工楼 - 坡道 1/12 - 室外"的新坡道类型。如图 8 - 8 所示，修改类型参数中的"功能"为"外部"，"坡道材质"为"建工楼 - 地砖 - 室外"；确认"坡道最大坡度(1/x)"为 12，即坡道最大坡度为 1/12；修改"造型"方式为"实体"，其余参数参照图中设定，完成后单击"确定"按钮，退出"类型属性"对话框。

3. 修改坡道标高参数

如图 8 - 9 所示，在"属性"面板中，修改实例参数基准标高为"室外地坪"，底部偏移为"0"，顶部标高为 F1，顶部偏移值为"0"，即该坡道由室外地坪上升至室外台阶顶部标高(到达入口处台阶楼板顶面)，修改"宽度"值为"1200.0"，其余参照图中所示，单击"应用"按钮应用设置。

4. 定义扶手类型

单击"工具面板"中的"扶手类型"按钮，在弹出的"扶手类型"对话框中选择扶手类型为"建工楼 - 楼梯栏杆 - 1100 mm"。完成后单击"确定"按钮，退出"扶手类型"对话框。

5. 绘制坡道的参照平面

使用"参照平面"工具，按照图 8 - 10 所示距离分别绘制参照平面。

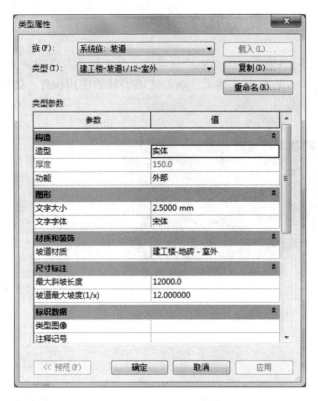

图 8 - 8 坡道类型属性

图 8 - 9 坡道属性

6. 完成坡道的绘制

单击"创建坡道草图轮廓"上下文选项卡"绘制"面板中的绘制模式为"梯段",绘制方式为"直线",从坡道底部向顶部捕捉参照平面交点,完成后单击"模式"面板中的"完成编辑模式"完成坡道绘制。

7. 添加坡道的扶手栏杆

分别编辑坡道两侧的扶手栏杆,使其符合要求,切换至默认三维视图,适当调整观察角度。

8. 创建南向坡道

创建南向立面的坡道,并在南向立面的栏板墙上开洞,如图 8 - 11 所示。

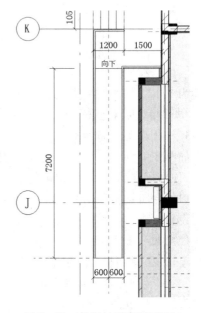

图 8 - 10 绘制坡道参照平面

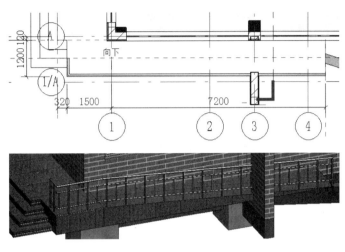

图 8 – 11   南向坡道绘制

任务8.3   创建散水

Revit Architecture 提供楼板边工具，也可以用来创建外墙的散水。

实训：创建建工楼外墙散水，熟悉楼板工具的操作。如图 8 – 12 所示。

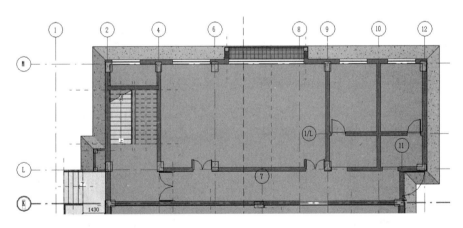

图 8 – 12   外墙散水

操作提示：

1. 导入轮廓族

单击"应用程序菜单"按钮，在列表中选择"新建 – 族"选项，以"公制轮廓. rft"族样板文件为族样板，进入轮廓族编辑模式。注意：族样板文件位置为 C：\ ProgramData \ Autodesk \ RVT 2016\Family Templates\Chinese\

2. 创建散水截面轮廓族

使用"直线"工具，按图 8 – 13 所示尺寸绘制首尾相连且封闭的散水截面轮廓。单击"保存"按钮,将该族重命名为"800 宽室外散水轮廓.rfa"。单击"族编辑器"面板中的"载入到项目中"按钮,将轮廓族输入至综合楼项目中。

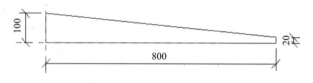

图 8 - 13 800 宽室外散水轮廓

3. 打开墙饰条工具

单击"建筑"选项卡"构建"面板中的"墙"工具下拉箭头,在墙工具列表中选择"墙饰条",系统自动切换至"修改|放置墙饰条"上下文选项卡。注意:无法在平面视图中使用"墙饰条"和"分隔缝"工具。

4. 定义建工楼外墙散水墙饰条的各属性参数

打开"类型属性"对话框,复制出名称为"建工楼 - 800 宽室外散水"的墙饰条类型。勾选类型参数中的"被插入对象剪切"选项,即当墙饰条位置插入门窗洞口时自动被洞口打断;修改"构造"参数分组中的"轮廓"为"800 宽室外散水轮廓:800 宽室外散水轮廓";修改"材质"为"建工楼 - 现场浇筑混凝土",其余参数如图 8 - 14 所示。单击"确定"按钮,退出"类型属性"对话框。注意:"剪切墙"选项允许墙饰条深入主体墙时,剪切墙体;墙饰条可以设置所属墙的子类别。

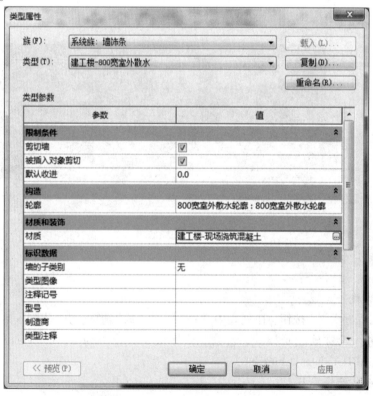

图 8 - 14 散水类型属性

5. 生成外墙散水

确认"放置"面板中墙饰条的生成方向为"水平"，即沿墙水平方向生成墙饰条。在三维视图中，分别单击拾取建工楼外墙底部边缘，沿所拾取墙底部边缘生成散水，如图 8 – 15 所示。

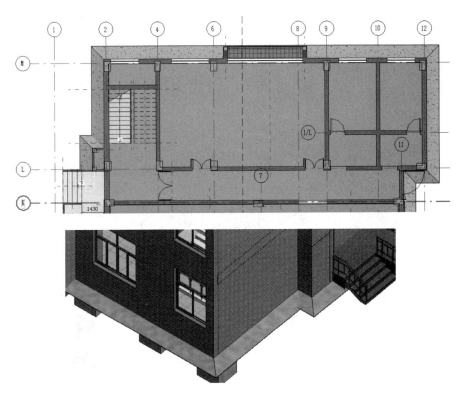

图 8 – 15　外墙散水三维效果图

学习单元9 创建建筑构件

任务9.1 创建雨篷

入口处雨篷为钢结构雨篷,相对比较复杂,也没有现成的族可资利用,因此,将采用分构件绘制方式进行创建。

实训:创建建工楼入口处雨篷,熟悉采用构件创建方式创建雨篷操作。如图9-1所示。

图9-1 设置雨篷拉杆

9.1.1 创建雨篷结构钢梁

操作提示:

1.绘制雨篷处的参照平面

打开建工楼项目文件,切换至平面视图 F2,适当放大门厅入口处,作参照平面如图9-2所示。

2.载入雨篷结构工字钢梁结构族

选择"插入\载入族"工具,调出"载入族"对话框,在列表中选择"China\结构\框架\钢\热轧工字钢.rfa"族,打开"指定类型"对话框,选择第一种类型"GB-I10"单击"确定",插入工字钢梁族。

3.定义雨篷结构钢梁名称

双击项目浏览器族类别下的工字钢梁族打开工字钢"类型属性"对话框,复制创建名称为"建工楼-入口雨篷工字梁",参数不做修改,如图9-3所示。

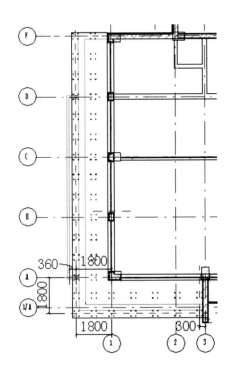

图 9 - 2　绘制雨篷梁参照平面

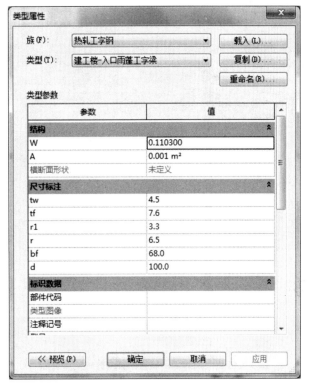

图 9 - 3　修改雨篷工字梁参数

4.创建雨篷梁

（1）创建第一根雨篷梁

单击"建筑"选项卡"构建"面板"梁"工具，自动切换到"修改 | 放置梁"选项卡中，放置平面："标高：F2"，结构用途："水平支撑"，不勾选"三维捕捉"、"链"。拾取Ⓐ轴上与①轴交点柱外边缘点作为起点、Ⓐ轴与参照平面交点为终点，创建第一根雨篷梁，如图 9 - 4 所示。

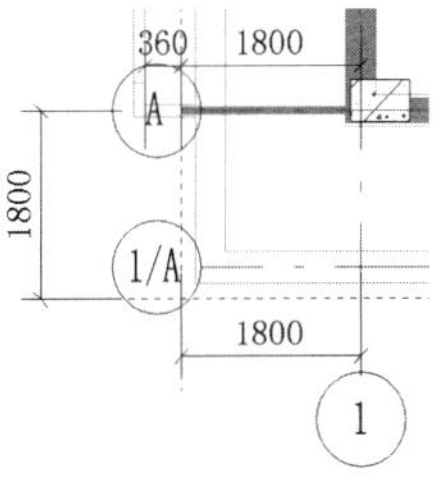

（2）创建雨篷其他工字钢梁

选取上一步绘制的第一根工字钢梁，自动切换至"修改 |

图 9 - 4　绘制第一根雨篷梁

结构框架"上下文选项卡，选择"修改"面板中的"阵列" ▦ 工具，注意"修改 | 结构框架"选项卡中，选择的阵列方式为"线性"，去掉"成组并关联"选项，"项目数"为"13"，"移动到选项"为"最后一个"，勾选"约束"选项，捕捉Ⓐ轴上任意点作为起点，移动鼠标至Ⓕ轴作为终点，阵列复制出共 13 根工字钢梁，如图 9 - 5 所示。

（3）沿参照平面创建、复制创建水平方向与垂直方向工字钢梁，如图 9 - 6 所示。

（4）同样绘制出南向第一根雨篷梁，阵列复制出 5 根工字钢雨篷梁，如图 9 - 7 所示。

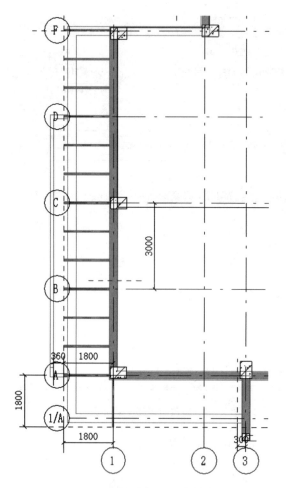

图9-5 阵列复制西向雨篷梁

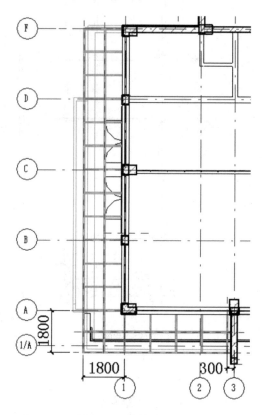

图9-6 雨篷结构梁

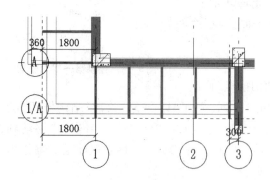

图9-7 阵列复制南向雨篷梁

9.1.2　创建雨篷驳接抓和雨篷玻璃

操作提示:

1. 载入抓点族

选择"插入\载入族"工具,载入"China\建筑\幕墙\幕墙构件\抓点\驳接抓 2. rfa"族,选择"建筑\构件\放置构件"⬚工具,在"属性"面板中选择"驳接抓 2",修改"类型属性",复制创建名称为"建工楼-雨篷驳接抓"的玻璃节点连接件,修改"类型属性"参数如图 9-8 所示,由于雨篷玻璃厚度为 12 mm,因此,修改"尺寸标注"中的"玻璃厚度"参数为"12.0",完成后单击"确定",退出"类型属性"对话框。

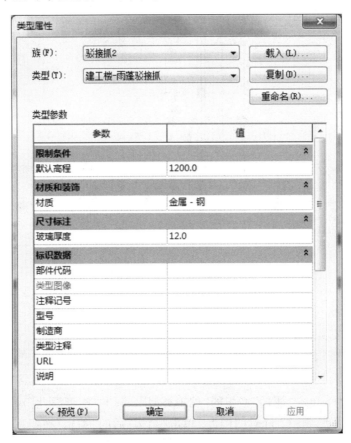

图 9-8　雨篷驳接抓类型属性

2. 创建第一个驳接抓

捕捉雨篷结构工字梁左下角交点,放置好第一个驳接抓,注意放置位置是否正确,可以通过改变视图后,从立面图中观察,用移动命令和点击"翻转工作平面"工具 ⬚ 等,放置驳接抓于正确的位置,如图 9-9 所示。

3. 创建其他位置的驳接抓

通过复制、阵列等方式,创建其他位置的驳

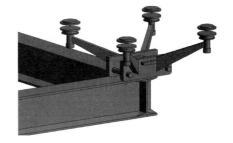

图 9-9　放置驳接抓

接抓，如图9-10所示。

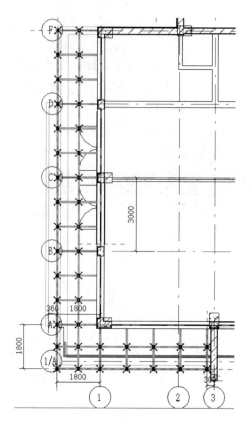

图9-10　复制其他位置驳接抓

4.创建雨篷玻璃

（1）定义雨篷玻璃参数

采用创建室外楼板方式创建雨篷玻璃。切换到F2楼层平面视图，单击"建筑"菜单"构建"面板下的"楼板"下拉列表中的"建筑楼板"工具 ![楼板:建筑]，自动切换至"修改|创建楼层边界"上下文选项卡中，单击"属性"面板的"编辑类型"，调出"类型属性"对话框，复制创建名称为"建工楼—雨篷玻璃-12 mm"的楼板，单击"结构"后的"编辑"按钮，调出"编辑部件"对话框，修改"建工楼—雨篷玻璃"材质和厚度，如图9-11所示。注意：适当调整玻璃材质的透明度，增强其在三维视图中的造型效果。

（2）创建雨篷玻璃

选择"绘制"面板下中的"边界线"的"直线"工具 ![直线]，绘制雨篷玻璃轮廓边缘，位置及尺寸如图9-12所示，完成后单击"完成编辑模式"按钮 ![对勾]，完成创建雨篷玻璃。

（3）确定雨篷玻璃上表面位置

切换至西立面视图，适当放大雨篷边缘驳接抓位置，注释标注驳接抓卡扣上表面高程，确定雨篷玻璃上表面位置。用移动工具移动雨篷玻璃至相应位置，如图9-13所示。

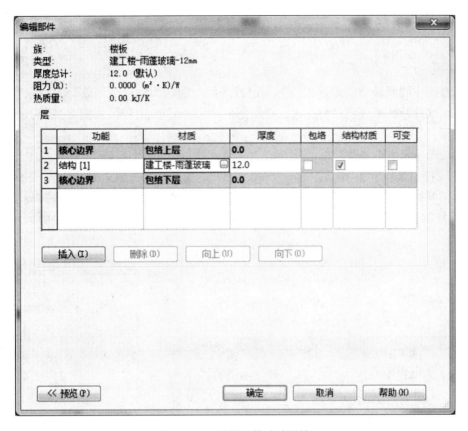

图 9 – 11　编辑雨篷玻璃属性

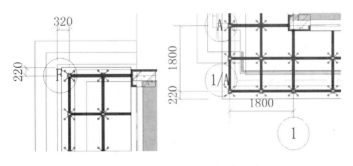

图 9 – 12　绘制雨篷玻璃轮廓边缘

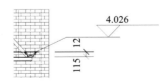

图 9 – 13　移动雨篷玻璃至相应标高位置

9.1.3 设置雨篷拉杆

操作提示：

1. 导入拉杆族

先在视图中隐藏玻璃图元。选择"插入\载入族"工具，调出"载入族"对话框，在列表中选择"China\结构\框架\轻型钢\冷弯空心型钢 – 圆形.rfa"族，打开"指定类型"对话框，选择第一种类型"Y21.3x1.2"单击"确定"，插入"冷弯空心型钢 – 圆形"族。

2. 定义雨篷拉杆族类型

单击"结构"选项卡中"构造"面板中"梁"工具，属性面板中选择冷弯空心型钢 – 圆形，点击编辑类型，打开"类型属性"对话框，复制创建类型名称为"建工楼 – 雨篷拉杆 – 80 mm"拉杆，"t"修改为"2.0"，"D"修改为"80.0"，其他参数不做修改，如图 9 – 14 所示。

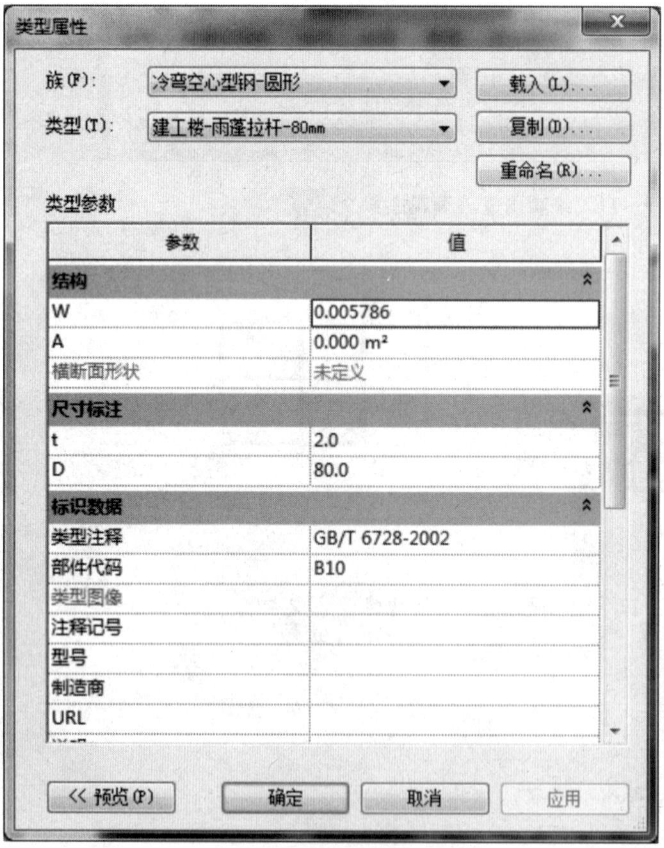

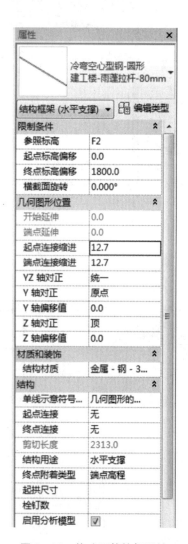

图 9 – 14　修改雨篷拉杆参数

图 9 – 15　修改雨篷拉杆属性

3. 创建拉杆

捕捉Ⓐ轴与参照平面的交点作为起点，Ⓐ轴与①轴柱外边缘为终点绘制创建拉杆，并修改"属性"面板中的"参照标高"为"F2"，"起点标高偏移"为"0.0"，"终点标高偏移"为"1800.0"，其他参数不变，如图9－15所示。阵列复制其他位置的另外两根拉杆，切换至三维视图，得到图如图9－16所示。

图9－16　设置雨篷拉杆

同样绘制南向①轴线位置拉杆，完成建工楼雨篷创建。

任务9.2　创建模型文字

建工楼在西向立面有楼栋名称"建工实训基地"及英文名称，可以采用 Revit Architecture 提供的"模型文字"工具 A 来进行创建。

实训：创建建工楼栋名称"建工实训基地"及英文名称，熟悉创建模型文字操作，如图9－17所示。

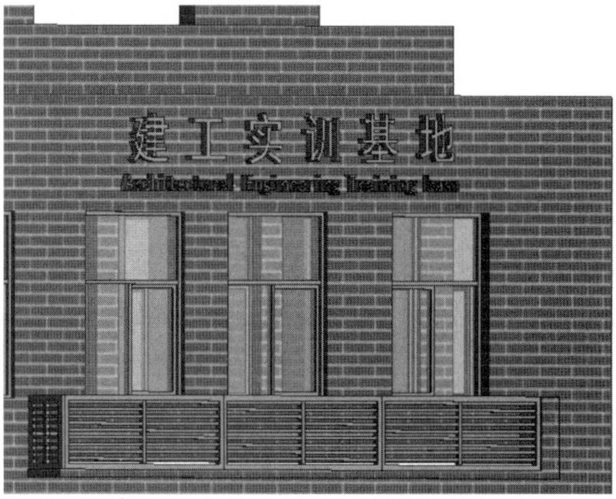

操作提示：

一、设置工作平面

模型文字也是一种模型实体图元，在创建之前，首先要设置工作平面以确定模型文字放置的位置。

1. 打开工作平面的设置工具

打开建工楼项目文件，切换至西立面视图，选择"工作平面"面板中的"设置"工具，调出"工作平面对话框"，如图9－18所示。

图9－17　建工楼模型文字

2. 确定工作平面

在"指定新的工作平面"选项组中，选择"拾取一个平面"选项，点击"确定"，此时，光标指针变成"拾取一个工作平面"的形式"＋"，允许用点击鼠标左键方式在模型中选取一个面来作为放置"模型文字"的工作平面，如果再次点击"设置"工具，调出的"工作平面"对话框中，当前工作平面名称显示在对话框中，如图9－19所示。

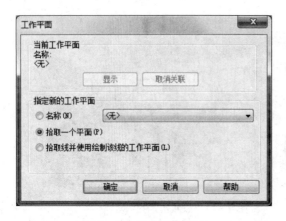

图9-18 设置工作平面

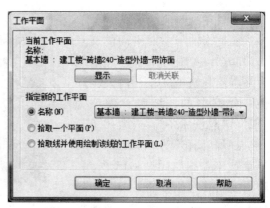

图9-19 指定的工作平面

二、创建模型文字

1.输入模型文字

点击"模型文字"工具，调出"编辑文字"对话框，在文本框中已预设"模型文字"字样并处于选取状态，直接输入需要创建的模型文本"建工实训基地"，包括文本之间的空格，如图9-20所示。

2.确定模型文字位置并修改模型文字的有关参数

编辑好文字后，单击"确定"，退出"编辑文字"对话框，输入的模型文字随鼠标在设置的工作平面内移动，单击鼠标左键，将模型文字放置至合适的位

图9-20 输入模型文字

置。再次单击"建工实训基地"文字，在"属性"面板中编辑类型，可以看出"模型文字"为系统族，复制创建名称为"建工实训基地"的类型，并对"文字字体"、"文字大小"进行设置，如图9-21所示，单击"确定"，退出"类型属性"对话框，继续在"属性"面板中编辑设置其他属性，完成后单击"应用"按钮，模型文字创建完成。

3.创建拼音模型文字

同上一步骤，继续创建"Architectural Engineering Training base"模型文字，完成后切换至默认三维视图，如图9-22所示。

图 9 – 21   编辑模型文字属性

图 9 – 22   创建模型文字效果

任务9.3 布置卫生间

使用"构件"工具通过调用合适的族，可以为项目布置室内房间的家具、洁具等。要使用"构件"工具布置房间，必须先将指定的构件族载入项目中。

实训：布置建工楼的卫生间洁具，熟悉"构件"工具的操作，如图9-23所示。

操作提示：

1. 载入卫生间洁具族

打开建工楼项目文件，切换至F1楼层平面视图，适当放大视图⑨~⑫轴线间卫生间的位置。载入"建工楼-台式双洗脸盆.rfa"、"建工楼-卫生间隔断.rfa"、"建工楼-污水池.rfa"、"建工楼-悬挂小便斗.rfa"族文件。

2. 打开构件放置与修改工具

单击"建筑"选项卡"构建"面板中的"构件"下拉工具列表，在列表中选择"放置构件"选项，自动切换至"修改|放置构件"上下文选项卡。

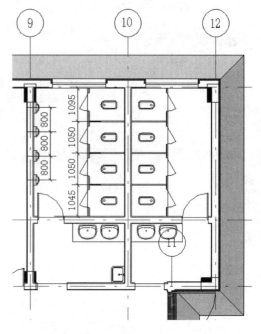

图9-23 卫生间洁具

由于默认Revit Architecture会在放置构件时激活"在放置时进行标记"选项，但项目样板中无可用的标签族，因此会弹出如图9-24所示的"未载入标记"对话框，单击"否"按钮，不载入构件标记。

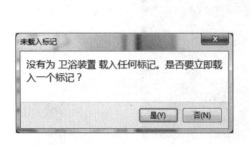

图9-24 未载入标记提示框

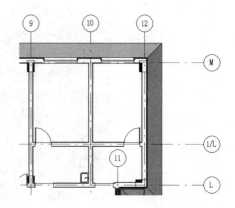

图9-25 放置污水池

3. 放置卫生间污水池

使用构件工具，选择"建工楼-污水池：建工楼-污水池"族类型，按图9-25所示位置，在盥洗室房间靠墙边放置污水池。

4.放置卫生间洗脸盆

在"属性"面板类型选择器列表中选择"建工楼 – 台式双洗脸盆：台式洗脸盆"作为当前类型，移动鼠标指针至盥洗室房间，如果方向不正确，可以通过连续按空格键方式进行调整，将构件旋转方向。当捕捉至如图 9 – 26 所示的位置时，单击鼠标左键，放置台式双洗脸盆。完成后按 Esc 键两次，退出放置构件状态。注意：洗脸盆还可以通过修改"属性"面板中的参数来调整相关内容。

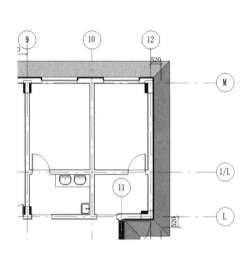

图 9 – 26　放置洗脸盆

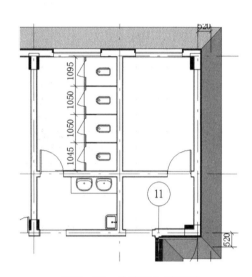

图 9 – 27　放置卫生间隔断

5.放置卫生间隔断

使用"放置构件"工具，在类型选择器列表中选择"建工楼 – 卫生间隔断：中间或靠墙（150 高地台）"构件类型，按图 9 – 27 所示位置布置卫生间隔断。由于该族必须基于墙，单击放置侧墙体可以放置隔断。按图中所示尺寸值修改"属性"面板中的"宽"为指定值，配合使用移动工具对齐各隔断图元。注意：在"建工楼 – 卫生间隔断"族中定义的各尺寸参数为实例参数，因此允许用户使用尺寸调节符号通过拖曳的方式调节尺寸。此时，如果使用对齐工具对齐隔断，会修改隔断的实例长度。

6.放置卫生间小便斗

继续使用放置构件工具，选择"建工楼 – 悬挂小便斗：建工楼 – 悬挂小便斗"族类型作为当前类型，按图 9 – 28 所示位置拾取墙，放置小便斗。

7.放置另一侧卫生间洁具

选取洗脸盆、卫生间隔断，通过镜像复制方式，复制到⑩轴线右侧，如图 9 – 29 所示。

8.放置其他楼层平面卫生间洁具

把 F1 层平面中的卫生间洁具全部选取，复制到剪贴板，然后选择"粘贴\与选定的标高对齐"方式，复制到 F2、F3 楼层平面，完成各层卫生间布置。

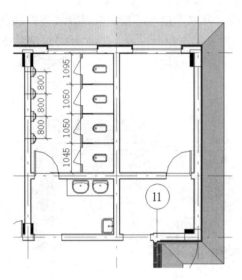

图9-28　放置悬挂小便斗

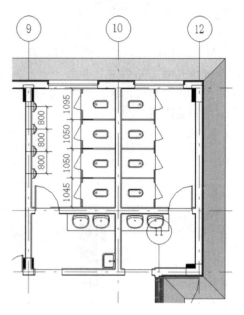

图9-29　镜像复制洗脸盆及卫生间隔断

学习单元 10　创建场地及场地构件

使用 Revit Architecture 提供的场地工具，可以为项目创建场地三维地形模型、场地红线、建筑地坪等构件，完成建筑场地设计。可以在场地中添加植物、停车场等场地构件，以丰富场地表现。

任务 10.1　添加地形表面

地形表面是场地设计的基础。使用"地形表面"工具，可以为项目创建地形表面模型。Revit Architecture 提供了两种创建地形表面的方式：放置高程点和导入测量文件。放置高程点的方式允许用户手动添加地形点并指定点高程。Revit Architecture 将根据已指定的高程点，生成三维地形表面。这种方式由于必须手动绘制地形中每一个高程点，适合用于创建简单的地形模型。导入测量文件的方式可以导入 DWG 文件或测量数据文本，Revit Architecture 自动根据测量数据生成真实场地地形表面。

实训：使用放置点方式为建工楼项目创建简单地形表面模型。

操作提示：

1.打开地形表面工具

打开建工楼项目文件，切换至"场地"楼层平面视图，如图 10 - 1 所示，单击"体量和场地"选项卡"场地建模"面板中的"地形表面"工具，自动切换至"修改 | 编辑表面"上下文选项卡。

图 10 - 1　体量和场地菜单

提示："场地"楼层平面视图实际上是以 F1 标高为基础，将剖切位置提高到 10000 m 得到的视图。

2.放置高程点

单击"工具"面板中的"放置点" 工具，设置选项栏中的"高程"值为 - 600，高程形式为"绝对高程"，即将要放置的点高程的绝对标高为 - 0.6m。按图 10 - 2 所示位置在建工楼四周单击鼠标左键，放置高程点，Revit Architecture 将在地形点范围内创建标高为 – 600 的地形表面。

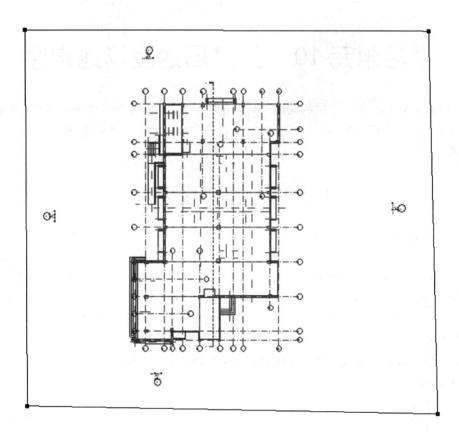

图 10 – 2　体量和场地菜单

3. 定义材质各参数

单击"属性"面板中"材质"后的浏览按钮，打开材质对话框。在材质列表中选择"场地 – 草"，该材质位于"材质"对话框的"植物"材质类中，并以该材质为基础复制出名称为"建工楼 – 场地草"的新材质类型，并选择"建工楼 – 场地草"作为该场地材质。

4. 生成地形表面模型

单击"表面"面板中的"完成表面"按钮，Revit Architecture 将按指定高程生成地形表面模型。切换至三维视图，完成后的地形表面如图 10 – 3 所示。由于本例中为地形表面创建 4 个相同高程的地形点，因此将生成水平地形表面。

使用"放置点"创建地形表面的方式比较简单，适合于创建较为简单的场地地形表面。如果场地地形较为复杂，使用"放置点"方式将显得较为繁琐。Revit Architecture 还提供了通过导入测量数据创建地形表面模型的方式，在此不再赘述。

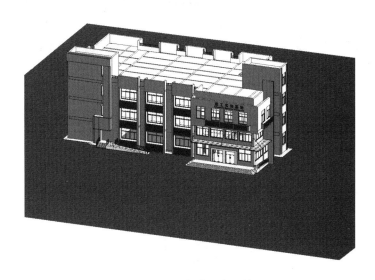

图 10 - 3　完成地形表面效果

任务 10.2　添加建筑地坪

创建地形表面后，可以沿建筑轮廓创建建筑地坪，平整场地表面。在 Revit Architecture 中，建筑地坪的使用方法与楼板的使用方法非常类似。

实训：为建工楼项目添加建筑地坪，学习建筑地坪的使用方法。在建工楼项目中，建筑地坪将充当建筑内部楼板底部与室外标高间碎石填充层。

操作提示：

1. 打开创建建筑地坪工具

打开建工楼项目文件，切换至 F1 楼层平面视图，单击"体量和场地"选项卡"场地建模"面板中的"建筑地坪" 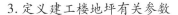 工具，自动切换至"修改|创建建筑地坪边界"上下文选项卡，进入"创建建筑地坪边界"编辑状态。

2. 定义建工楼地坪名称

单击"属性"面板中的"编辑类型"按钮，打开"类型属性"对话框。单击"重命名"按钮，在弹出"重命名"对话框的"新名称"文本框中输入"建工楼 - 450 mm - 地坪"，如图 10 - 4 所示。单击"确定"按钮，返回"类型属性"对话框。

图 10 - 4　重命名建筑地坪名称

3. 定义建工楼地坪有关参数

（1）定义建工楼地坪结构层参数

单击类型参数列表中"结构"参数后的"编辑"按钮，弹出"编辑部件"对话框。如图 10 - 5 所示，修改第 2 层"结构[1]"厚度为 450，修改材质为"地坪 - 碎石垫层"。设置完成后单击

"确定"按钮,返回"类型属性"对话框。再次单击"确定"按钮,退出"类型属性"对话框。

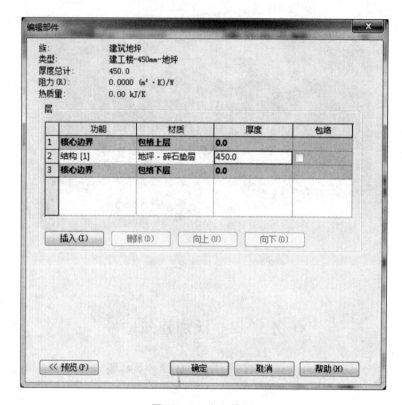

图 10 – 5　定义垫层

(2)定义建工楼地坪标高参数

修改"属性"面板中的"标高"为"F1"标高,"自标高的高度偏移"值为 – 150,即建筑地坪顶面到达 F1 标高之下 150 mm,该位置为 F1 楼板底部。提示:建筑地坪图元以顶面作为定位面。

4.添加建筑地坪操作

确认"绘制"面板中的绘制模式为"边界线",使用"拾取墙"绘制方式;确认选项栏中的"偏移值"为 0.0,勾选"延伸到墙中(至核心层)"选项。与绘制楼板边界类似的方式分别沿建工楼外墙内侧核心表面拾取,生成建筑地坪轮廓边界线。

对于情景实训室部分,先修改"标高"为"情景室底",拾取墙体内侧边界线位置。使用修剪工具使轮廓线首尾相连。完成后单击"模式"面板中的"完成编辑模式"按钮,按指定轮廓创建建筑地坪,完成后的建筑地坪如图 10 – 6 所示。

提示:建筑地坪不允许同时绘制多个闭合的边界轮廓,因此必须分别创建办公室部分(标高为 ± 0.000 m)建筑地坪和情景室部分(标高为 – 1.200 m)建筑地坪。

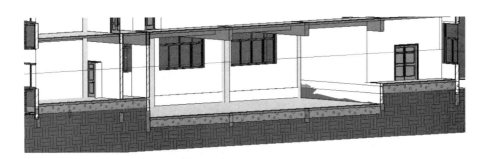

图 10 - 6　完成建筑地坪剖面效果

任务 10.3　创建场地道路

完成地形表面模型后,可以使用"子面域"或"拆分表面"工具将地形表面划分为不同的区域,并为各区域指定不同的材质,从而得到更为丰富的场地设计。使用"子面域"或"拆分表面"工具可以在场地内划分场地道路、场地景观等场地区域。场地还可以对现状地形进行场地平整,并生成平整后的新地形,Revit Architecture 会自动计算原始地形与平整后地形之间产生的挖填方量。

实训:创建建工楼项目场地道路,熟悉使用"子面域"或"拆分表面"工具将地形表面划分为不同的区域,并为各区域指定不同的材质。

操作提示:

1.打开创建子面域工具

打开建工楼项目文件,切换至场地楼层平面视图,单击"体量和场地"选项卡"修改场地"面板中的"子面域" 工具,自动切换至"修改 | 创建子面域边界"上下文选项卡,进入"修改 | 创建子面域边界"状态。

2.绘制子面域边界

使用绘制工具,按图 10 - 7 所示绘制子面域边界。配合使用拆分及修剪工具,使子面域边界轮廓首尾相连,图中相切过渡圆弧可以使用"圆角弧"绘制。注意:子面域的边界轮廓线不能超出地形表面边界。

3.定义材质

修改"属性"面板中的"材质"为"建工楼 - 场地草",设置完成后,单击"应用"按钮应用该设置。

4.生成子面域

单击"模式"面板中的"完成编辑模式"按钮,完成子面域。

选择子面域对象,单击"修改地形"上下文选项卡"子面域"面板中的"编辑边界"按钮,可返回子面域边界轮廓编辑状态。Revit Architecture 的场地对象不支持表面填充图案,因此即使用户定义了材质表面填充图案,也无法显示在地形表面及其子面域中。

"拆分表面"工具与"子面域"功能类似,都可以将地形表面划分为独立的区域。两者不

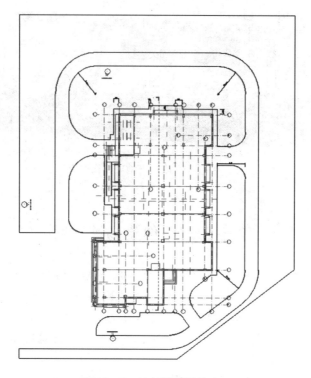

图 10 - 7　绘制子面域轮廓

同之处在于"子面域"工具将局部复制原始表面，创建一个新面，而"拆分表面"则将地形表面拆分为独立的地形表面。要删除使用"子面域"工具创建的子面域，只需要直接将其删除即可，而要删除使用"拆分表面"工具创建的拆分后的区域，必须使用"合并表面"工具。

任务10.4　场地构件

Revit Architecture 提供了"场地构件"工具，可以为场地添加停车场、树木、RPC 等构件。这些构件均依赖于项目中载入的构件族，必须先将构件族载入到项目中才能使用这些构件。

实训：为建工楼项目场地添加花坛、人物等场地构件模型，进一步使用"场地构件"工具，丰富和完善场地模型。如图 10 - 8 所示。

操作提示：

1.载入各类场地构件族

打开建工楼项目文件，切换至"室外地坪"楼层平面视图，载入预先导入电脑文件夹中的 RPC 甲虫. rfa、RPC 女性. rfa、RPC 男性. rfa、RPC 灌木. rfa、室外路灯. rfa 族文件。

2.打开场地工具

切换至"体量和场地"选项卡，单击"场地建模"选项卡中的"场地构件"工具，进入"修改|场地构件"上下文选项卡。

3.绘制花坛

(1)定义花坛材质

图 10 – 8 放置各类场地构件效果

切换至室外地坪楼层平面视图，适当放大建工楼西北角位置。使用墙工具，在"类型选择器"类型列表中选择墙类型为"砖墙 240 mm"，打开"类型属性"对话框。以"砖墙 240 mm"为基础复制出名称为"建工楼 – 场地路缘石"的墙类型。打开墙"编辑部件"对话框，按图 10 – 9 所示修改墙"结构[1]"厚度为 100，修改材质为"建工楼 – 路缘石"，并选择一种花岗岩作为路缘石材料。设置完成后单击"确定"按钮，退出"类型属性"对话框。

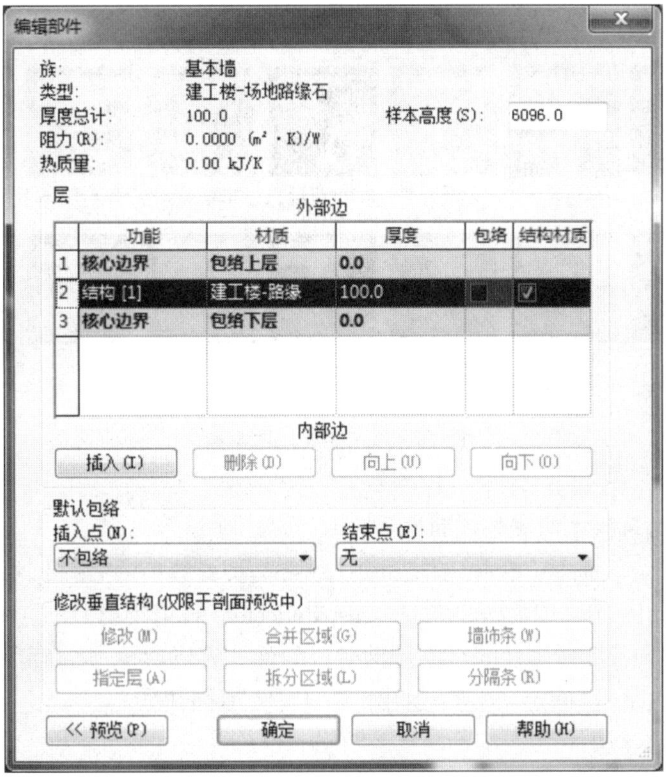

图 10 – 9 编辑路缘石

（2）定义花坛的高度参数

设置选项栏中的"高度"选项为"未连接"，在高度值中输入 200 作为墙高度。设置"定位线"为"核心面：外部"，"偏移量"为 0。按图 10 - 10 所示尺寸和位置绘制花坛，未标注尺寸位置均对齐外墙面至项目中已有构件边缘。

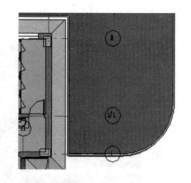

图 10 - 10　绘制路缘石花坛

4. 放置灌木构件

（1）定义建工楼 - 灌木类型

使用"场地构件"工具，在类型列表中选择当前构件类型为"RPC 灌木：小檗 - 1.0 米"，打开"类型属性"对话框，复制出名称为"建工楼 - 灌木"的新类型。

修改其高度为 2000，"注释"参数值为"小檗"。单击"渲染外观"类型参数后的浏览按钮，弹出"渲染外观库"对话框。如图 10 - 11 所示，单击顶部"类别"列表，在列表中选择"Shrubs Grasses"类别，将在预览窗口中显示所有该类别渲染外观。选择"Holly"，设置完成后单击"确定"按钮，返回"类型属性"对话框。

图 10 - 11　定义灌木类型

（2）定义建工楼 - 灌木渲染外观属性

在"类型属性"对话框中，单击"渲染外观属性"类型参数后的"编辑"按钮，打开"渲染外观属性"对话框。如图 10 - 12 所示，勾选"Cast Reflecton（投射反射）"选项后，将在渲染 RPC 构件时玻璃幕墙等具备反射属性的对象会反射该构件。完成后单击"确定"按钮，返回"类型属性"对话框。再次单击"确定"按钮，退出"类型属性"对话框。

（3）均匀放置灌木构件

在相应位置沿花坛方向单击鼠标左键，均匀放置灌木构件。继续使用"场地构件"工具，在类型列表中选择"RPC 男性：LaRon"，移动鼠标指针至幕墙外室外楼板上的任意位置，Re-

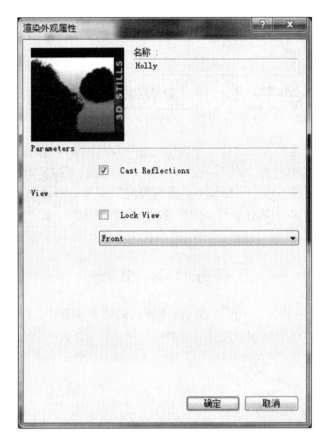

图 10 - 12   定义灌木渲染外观属性

vit Architecture 将预显示该人物族, 箭头方向代表该人物"正面"方向。按键盘空格键, 将以 90°的角度旋转 LaRon 方向, 单击鼠标左键放置该族。使用相同的方式, 不必在意各人物的具体位置和人物类型, 在场地任意位置单击放置 RPC 人物。使用类似的方式, 放置 RPC 甲虫、室外路灯等各种场地设施。

注意: 所有的"场地构件"族均会出现在"构件"族类型列表中。RPC 族文件为 Revit Architecture 中的特殊构件类型族。通过指定不同的 RPC 渲染外观, 可以得到不同的渲染结果。RPC 族仅在渲染时才会显示真实的对象样式, 在三维视图中, 将仅以简化模型替代。

Revit Architecture 提供了"公制场地. rte"、"公制植物. rte"和"公制 RPC. rte"族样板文件, 用于用户自定义各种场地构件。

学习单元 11　建筑的渲染与漫游

在传统二维模式下进行方案设计时无法很快地校验和展示建筑的外观形态，对于内部空间的情况更是难于直观地把握。在 Revit Architecture 中我们可以实时地查看模型的透视效果，形成非常逼真的图像，创建漫游动画、进行日光分析等，Revit Architecture 软件集成了 mental ray 渲染引擎，可以生成建筑模型的照片级真实渲染图像，无需导出到其他软件，便于展示设计的最终效果，使设计师在与其他方进行交流时能充分表达其设计意图。

任务 11.1　渲染

在 Revit Architecture 中，用户可以通过以下流程进行渲染操作：创建渲染三维视图—指定材质渲染外观—定义照明—配景设置—渲染设置以及渲染图像—保存渲染图像。渲染的图像使人更容易想象三维建筑模型的形状和大小，并且渲染图像最具真实感，能清晰地反映模型的结构形状。

11.1.1　渲染视图设置和布景

设置好材质后，可以为项目添加透视图及布景。使用"相机"工具可以在项目中添加任意位置的透视视图。

使用相机工具可以为项目创建任意视图。在进行渲染之前需根据表现需要添加相机，以得到各个不同的视点。

操作步骤：

（1）接上节练习。切换至 F2 楼层平面图，单击"视图"选项卡中的"三维视图"工具下拉列表，在列表中选择"相机"工具。勾选选项栏中的"透视图"选项，设置"偏移量"值为 1750，即相机的高度为 1750 mm，如图 11 - 1 所示。提示：不勾选选项栏中的"透视图"选项，视图会变成正交视图，即轴测图。

图 11 - 1　相机工具

（2）移动光标至绘图区域中，在图 11 – 2 所示位置单击鼠标，放置相机视点，向右上方移动鼠标指针至"目标点"位置，单击鼠标生成三维透视图。

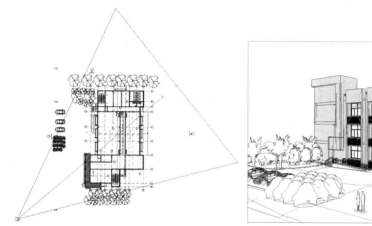

图 11 – 2　设置相机位置

被相机三角形包围的区域就是可视的范围，其中三角形的底边表示远端的视距，如果在图 11 – 3 所示的"属性"对话框中不勾选"远剪裁激活"选项，则视距变为无穷远，将不再与三角形底边距离相关。在该对话框中，还可以设置相机的视点高度（相机高度）、目标高度（视线终点高度）等参数。同时常常在透视图中显示视图范围裁剪框，按住并拖动视图范围框的 4 个蓝色圆点可以修改视图范围。

提示：如果相机在平面或立面等二维视图中消失后，可以在"项目浏览器"中相机所对应的三维视图上单击鼠标右键，从弹出的菜单中选择"显示相机"命令，即可在视图中重新显示相机。

图 11 – 3　设置相机属性

（3）使用相同方式根据需要在项目中室内添加相机，生成如图 11 – 4 所示的三维透视图。

（4）在二层房间中加入办公桌椅等各类家具设备后，用相机照像，如图 11 – 5 所示。

用相机确定好三维透视图后，为了防止不小心移动相机而破坏了确定的视图方向，可以将三维视图保存并锁定，方法是单击底部视图控制栏中的 🔒 按钮，在弹出的菜单中单击"保存方向并锁定视图"命令，三维视图被锁定后将不能改变视图方向。如果要改变被锁定的三维视图方向，可以再次单击底部视图控制栏的 🔒 按钮，在弹出的菜单中单击"解锁视图"命令即可。解锁后就可以任意修改视图方向，修改满意后可以再次保存视图，如果修改不满意需要回到之前保存的视图，可以单击底部视图控制栏中的 🔒 按钮，在弹出的菜单中单击"恢复方向并锁定视图"命令，进行还原。

图 11-4 室内相机视图

11.1.2 渲染设置及图像输出

创建好相机后,可以启动渲染器对三维视图进行进行渲染。为了得到更好的渲染效果,需要根据不同的情况调整渲染设置,例如,调整分辨率、照明等,同时为了得到更好的渲染速度,也需要进行一些优化设置

Revit Architecture 的渲染消耗时间取决于图像分辨率和计算机 CPU 的数量、速度等因素。使用如下一些方法可以让渲染过程得到优化。

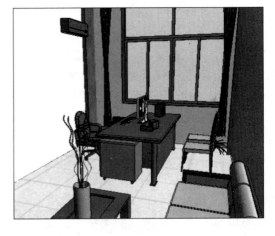

图 11-5 室内添置家俱的相机视图

一般来说分辨率越低,CPU 的数量(如四核 CPU)越多和频率越高,渲染的速度越快。根据项目或者设计阶段的需要,选择不同的设置参数,在时间和质量上达到一个平衡。如果有更大场景和需要更高层次的渲染,建议读者将文件导入到 3ds Max 等其他软件中渲染或者进行云渲染。

以下方法会对提高渲染性能有帮助。

(1)隐藏不必要的模型图元。

(2)将视图的详细程度修改为粗略或中等。通过在三维视图中减少细节的数量,可减少要渲染的对象的数量,从而缩短渲染时间。

(3)仅渲染三维视图中需要在图像中显示的那一部分,忽略不需要的区域。比如可以通过使用剖面框、裁剪区域、摄影机剪裁平面或渲染区域来实现。

(4)优化灯光数量,灯光越多,需要的时间也越多。

下面以室外视图为例,介绍在 Revit Architecture 中进行渲染的一般过程。

操作步骤：

（1）接上节练习，打开建工楼项目文件。切换至透视图模式，单击视图控制栏中的"渲染"按钮，打开"渲染"对话框。"渲染"对话框中各参数功能和用途说明如图 11-6 所示。

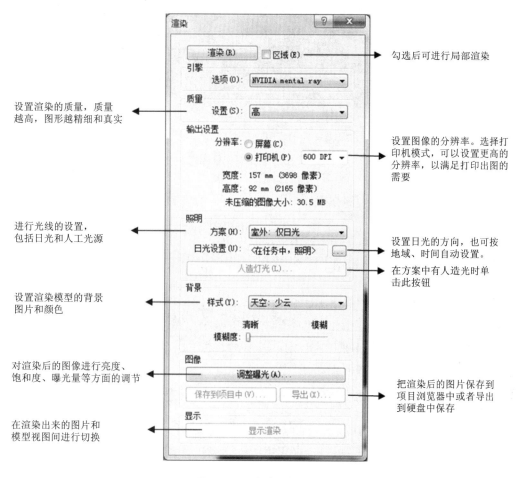

图 11-6　渲染面板设置

提示：在渲染设置对话框中，"日光设置"参数取决于当前视图采用的"日光和阴影"中的日光设置。

（2）按照图 11-6 中所示参数设置完成后，单击"渲染"按钮即可进行渲染，渲染完成效果图 11-7 所示，单击"保存到项目中"按钮可以将渲染结果保存到项目中。

提示：一般情况下不要一开始就用高质量的渲染模式。可以先从渲染草图质量图像开始，以便观察初始设置的效果，然后根据草图的情况调整材质、灯光和其他设置，并根据需要适当提高渲染质量，逐步改善图像效果。当确认材质渲染外观和渲染设置符合要求后，才使用高质量设置生成最终图像。

室内渲染的过程与室外渲染类似，但在进行室内渲染时必须设置室内照明方式。室内渲染中有多种照明形式：室内日光渲染、室内灯光渲染、室内灯光及日光混合渲染等。

图 11 - 7　室内相机视图

下面继续以建工楼项目为例介绍如何进行室内日光渲染和室内灯光渲染。

操作步骤：

（1）接上一节练习，在项目浏览器中，双击"三维视图"下的"模型室"视图，打开已经预设好的室内透视三维视图。

（2）打开"渲染"对话框，单击"质量"栏中的"设置"下拉箭头，选择"编辑"选项，打开"渲染质量设置"对话框，如图 11 - 8 所示。

（3）单击"渲染"，效果如图 11 - 9 所示。渲染完成后，单击"保存到项目中"按钮，将渲染结果保存到项目中。

对于无法直接使用日光作为光源的室内场景，如无采光口的室内房间，可以选择仅室内灯光作为渲染光源。包括灯光的布置及设置、渲染参数的设置两个部分。

首先需要做的是灯光的布置。Revit 中的灯光也是以族的形式存在的，导入一个灯具族就相当于导入了一个光源，且灯具里的参数与实际灯具参数具有同等意义，即如果设置了灯具族的灯光参数，那么在渲染的时候 Mental Ray 渲染器就会最大限度地模拟出灯具的真实发光效果。

操作步骤：

（1）在项目浏览器中，双击 F2 楼层平面视图，切换至 F2 楼层平面视图，单击"视图"—"平面视图"—"天花板视图"，弹出"新

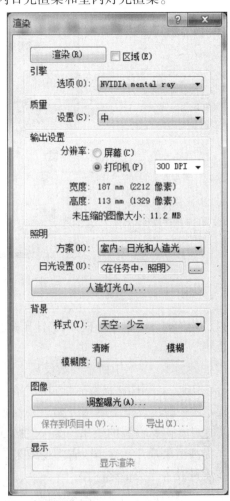

图 11 - 8　室内渲染面板设置

建天花板平面"对话框。在列表中选择
F2，创建 F2 标高对应的天花板平面
视图。

（2）单击"建筑"选项卡"构建"面板
中的"构件"工具下拉列表，在列表中选
择"放置构件"工具，自动切换至"修改|
放置构件"上下文选项卡。单击"载入
族"工具，载入"China\建筑\照明设备\
射灯和嵌入灯\隐藏式射灯. rfa"族文件
及"China\建筑\照明设备\射灯和嵌入
灯\暗灯槽 – 抛物面矩形. rfa"族文件，
按图 11 – 10 所示位置在天花板中放置灯光。

图 11 – 9　室内相机视图

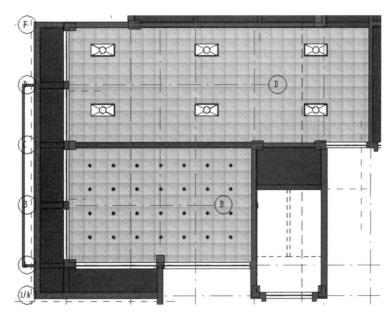

图 11 – 10　天花板平面灯具布置

（3）打开"类型属性"对话框，在灯具"类型属性"对话框中还可以进一步调节灯具参数，
按图 11 – 11 所示设置灯具颜色、初始亮度等参数。

（4）在项目浏览器中，双击"三维视图"下的"模型室"视图，打开已经预设好的室内三维
视图。打开"渲染"对话框，在"渲染"对话框中，设置照明"方案"为"室内：仅人造光"，其余
参数设置方法同前面所述，设置好后单击"渲染"按钮即可进行渲染，效果如图 11 – 12 所示。
渲染完成后将渲染结果选择保存到项目中。

在渲染时，Revit Architecture 可以控制已添加到项目中灯具的开或关状态。单击"渲染"
对话框中的"人造灯光"按钮，打开"人造灯光"对话框。如图 11 – 13 所示，复选框控制灯光
的开或关；"暗显"值控制灯具的发光量，其值介于 0 和 1 之间，值为 1 时表示灯光是完全打

开(未暗显)的,值为0时表示灯光是关闭(完全暗显)的。

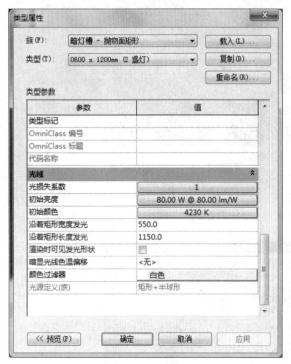

图 11-11　灯具类型属性设置

图 11-12　室内仅人造光照明效果

图 11-13　人造灯光控制

任务 11.2　漫游动画

在 Revit Architecture 中还可以使用"漫游"工具制作漫游动画,让项目展示更加身临其境,下面使用"漫游"工具在综合楼项目建筑物的外部创建漫游动画。

操作步骤:

(1)接上节练习。切换至 F1 楼层平面视图,单击"视图"选项卡中的"三维视图"工具下拉列表,在列表中选择"漫游"工具,如图 11 – 14 所示。

图 11 – 14　漫游工具

(2)在出现的"修改|漫游"选项卡中勾选选项栏中的"透视图"选项,设置"偏移量",即视点的高度为 1750 mm,设置基准标高为 F1,如图 11 – 15 所示。

图 11 – 15　漫游选项

(3)移动鼠标指针至绘图区域中,如图 11 – 16 所示,依次单击放置漫游路径中关键帧相机位置。在关键帧之间 Revit Architecture 将自动创建平滑过渡,同时每一帧也代表一个相机位置,也就是视点的位置。如果某一关键帧的基准标高有变化,可以在绘制关键帧时修改选项栏中的基准标高和偏移值,可形成上下穿梭的漫游效果。完成后按 Esc 键完成漫游路径,Revit Architecture 将自动新建"漫游"视图类别,并在该类别下建立"漫游 1"视图。

提示:如果漫游路径在平面或立面等视图中消失后,可以在项目浏览器中对应的漫游视图名称上单击鼠标右键,从弹出的菜单中选择"显示相机"命令,即可重新显示路径。

(4)路径绘制完毕后,一般还需进行适当的调整。在平面图中选择漫游路径,进入"修改|相机"上下文选项卡,单击"漫游"面板中的"编辑漫游"工具,漫游路径将变为可编辑状态。如图 11 – 16 所示,选项栏中共提供了 4 种方式用于修改漫游路径,分别是控制活动相机、编辑路径、添加关键帧和删除关键帧。

(5)在不同的编辑状态下,绘图区域的路径会发生相应变化,如果修改控制方式为"活动相机",路径会出现红色圆点,表示关键帧呈现相机位置及可视三角范围,如图 11 – 16 所示。

(6)按住并拖动路径中的相机图标或单击图 11 – 17 所示"漫游"面板中的控制按钮,可以使相机在路径上移动,分别控制各关键帧处相机的视距、目标点高度、位置、视线范围等。

提示:在"活动相机"编辑状态下,如果位于关键帧时,能够控制相机的视距、目标点高

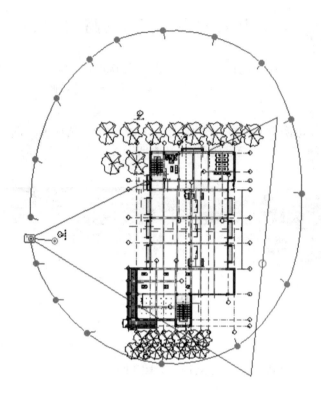

图 11 - 16　漫游路径编辑

度、位置、视线范围，但对于非关键帧只能控制视距和视线范围。另外请注意，在整个漫游过程中只有一个视距和视线范围，不能对每帧进行单独设置

图 11 - 17　漫游控制面板

（7）如果对漫游路径不满意，可以设置选项栏中的"控制"方式为"路径"，进入路径编辑状态，此时路径会以蓝色圆点表示关键帧。在平面图中拖动关键帧，调整路径在平面上的布局，切换到立面视图中，按住并拖动关键帧夹点调整关键帧的高度，即视点的高度。使用类似的方式，根据项目的需要可以为路径添加或减少关键帧。

（8）打开"实例属性"对话框，单击其他参数分组中"漫游帧"参数后的按钮，打开"漫游帧"对话框。如图 11 - 18 所示，可以修改"总帧数"和"帧/秒"值，以调节整个漫游动画的播放时间。漫游动画总时间 = 总帧数 ÷ 帧率（帧/秒）

（9）整个路径和参数编辑完成后，切换至漫游视图，选择漫游视图中的剪裁边框，将自动切换至"修改|相机"上下文选项卡，单击"漫游"面板中的"编辑漫游"按钮，打开漫游控制栏，单击"播放"回放完成的漫游。预览满意后，单击"应用程序菜单"按钮，在列表中选择"导出—漫游和动画—漫游"选项，在出现的对话框中设置导出视频文件的大小和格式，设置完毕后确定保存的路径即可导出漫游动画。

使用漫游工具，可以更加生动地展示设计方案，并输出为独立的动画文件，方便非 Revit

图 11 – 18   漫游帧对话框

用户使用和播放漫游结果。在输出漫游动画时，可以选择渲染的方式输入更为真实的漫游结果。

学习单元 12　绘制建筑施工图

要在 Revit Architecture 中创建施工图，就必须根据施工图表达设置各视图属性，控制各类模型对象的 显示，修改各类模型图元在各视图中的截面、投影的线型、打印线宽、颜色等图形信息。

任务 12.1　管理对象样式

在 AutoCAD 中是通过"图层"进行图元的分类管理、显示控制、样式设定的，而 Revit Architecture 放弃了图层的概念，采用对象类别与子类别系统组织和管理建筑信息模型中的信息。在 Revit Architecture 中各图元实例都隶属于"族"，而各种"族"则隶属于不同的对象类别，如墙、门、窗、柱、楼梯等。

以建工楼项目为例，所有窗图元实例都属于"窗"对象类别，而每一个"窗"对象，都由更详细的"子类别"图元构成，如洞口、玻璃、框架/竖梃等，如图 12 - 1 所示。

图 12 -1　对象样式

Revit Architecture 中实现上述管理方式主要通过"对象样式"和"可见性/图形替换"工具来实现。"对象样式"工具可以全局查看和控制当前项目中"对象类别"和"子类别"的线宽、线颜色等。"可见性/图形替换"则可以在各个视图中，对图元进行针对性地可见性控制、显示替换等操作，如图 12-2 所示。

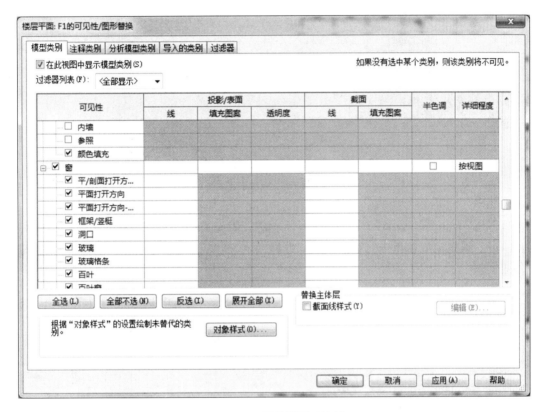

图 12-2　可见性图形控制

下面将详细介绍 Revit Architecture 中"对象样式"管理的方法和过程。

12.1.1　设置线型与线宽

通过设置 Revit Architecture 中线型、线宽等属性，在视图中控制各类模型对象在视图投影线或截面线的图形表现。"线宽"和"线型"的设置适合于所有类别的图元对象。

下面以建工楼项目为例，说明设置线型与线宽的方法与操作步骤。

操作提示：

(1)打开建工楼项目文件，切换至 F1 楼层平面视图，在"管理"选项卡的"设置"面板中单击"其他设置"下拉列表，在列表中选择"线型图案"选项，打开"线型图案"对话框，如图 12-3 所示。

(2)在"线型图案"对话框中显示了当前项目中所有可用线型图案名称和线型图案预览。单击"新建"按钮，弹出"线型图案属性"对话框。如图 12-4 所示，在"名称"栏中输入"GB 轴网线"，作为新线型图案的名称；定义第 1 行类型为"划线"，值为 12 mm；设置第 2 行类型

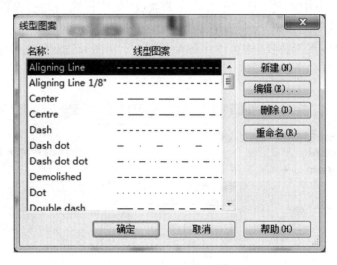

图 12 – 3 线形图案

为"空间",值为 3 mm;设置第 3 行类型为"划线",值为 1 mm;设置第 4 行类型为"空间",值为 3 mm。设置完成后单击"确定"按钮,返回"线型图案"对话框。再次单击"确定"按钮退出"线型图案"对话框。

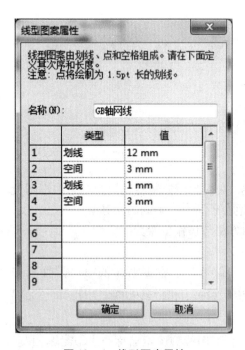

图 12 – 4 线形图案属性

图 12 – 5 修改轴网类型属性

提示：线型图案必须以"划线"或"圆点"形式开始，线型类型"值"都均指打印后图纸上的长度值。在视图不同比例下，Revit Architecture 会自动根据视图比例缩放线型图案。

（3）选择视图中任意轴线，打开"类型属性"对话框。修改"轴线中段"为"自定义"，修改"轴线中段填充图案"线型为上一步中创建的"GB 轴网线"线型名称，其余参数设置如图 12 – 5 所示。

注意"轴线中段宽度"值的"2"并不代表其宽度是 2 mm，而是线宽代号。单击"确定"按钮，退出"类型属性"对话框，Revit Architecture 将使用"GB 轴网线"重新绘制所有轴网图元。

（4）在"管理"选项卡的"设置"面板中单击"其他设置"下拉列表，在弹出的列表中选择打开"线宽"对话框，如图 12 – 6 所示，可以分别为模型类别对象线宽、三维视透视视图线宽和注释类别对象线宽进行设置。

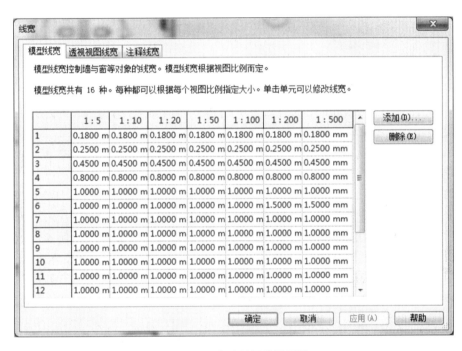

图 12 – 6　修改轴网类型属性

（5）Revit Architecture 共为每种类型的线宽提供 16 个设置值。在"模型线宽"选项卡中，代号 1~16 代表视图中各线宽的代号，可以分别指定各代号线宽在不同视图比例下的线的打印宽度值。单击"添加"按钮，可以添加视图比例，并在该视图比例下指定各代号线宽的值。

提示：Revit 材质中设置的"表面填充图案"和"截面填充图案"采用的是模型线宽设置中代号为 1 的线宽值。

（6）切换至"透视视图线宽"和"注释线宽"选项卡，选项中分别列举了模型图元对象在透视图中显示的线宽和注释图元，如尺寸标注、详图线等二维对象的线宽设置，同样以 1~16 代号代表不同的线宽，如图 12 – 7 所示，将"注释线宽"的各编号下线宽值进行修改，例如，图 12 – 5 所示的轴网线宽为"2"，表示各比例下打印宽度值为 0.18 mm（细线），单击"确定"按钮，退出"线宽"对话框。保存该文件查看最终结果。

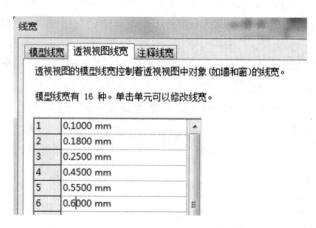

图 12 - 7　透视视图线宽

12.1.2　设置对象样式

可以针对 Revit Architecture 中的各对象类别和子类别分别设置截面和投影的线型和线宽，来调整模型在视图中显示样式。

下面为建工楼项目设置对象样式，调整各类别对象在视图中的显示样式。

操作提示：

(1)接上节项目文件，切换至 F2 楼层平面视图，适当放大办公楼主入口处位置。在"管理"选项卡的"设置"面板中单击"对象样式"按钮，打开"对象样式"对话框。该对话框中根据图元对象类别分为模型对象、注释对象、分析模型对象和导入对象 4 个选项卡，分别用于控制模型对象类别、注释对象类别、分析模型对象类别和导入对象类别的对象样式。

如图 12 - 8 所示，确认当前选项卡为"模型对象"选项卡。在列表中列出了所有当前建筑规程中的对象类别，并分别显示各类别的投影线宽、截面线宽(如果该类别对象允许剖切显示)、颜色、线型图案及默认材质。

(2)提示：规程是 Revit 用于区分不同设计专业间模型对象类别而设置的。Revit Architecture 支持显示的规程有建筑(默认)、结构、机械、电气和管道共 5 种规程。如果需要显示 Revit 的某种对象类别，请勾选"对象样式"对话框过滤器列表中"类别"选项。

(3)如图 12 - 9 所示，浏览至"楼梯"类别，确认"楼梯"类别"投影"线宽代号为 2，修改"截面"线宽代号为 2，即楼梯投影和被剖切时其轮廓图形均显示和打印为中粗线(参见上一节线宽设置中模型线宽设置)；单击颜色按钮，修改其颜色为"蓝色"，确认"线型图案"为"实线"。单击"确定"按钮，退出"对象样式"对话框。视图中楼梯修改为新的显示样式。

同样，如 12 - 10 所示，打开"对象样式"对话框，切换至"注释对象"标签，浏览至"楼梯路径"，单击"楼梯路径"类别前" + "，展开楼梯子类别，分别修改"文字(向上)"子类别"线颜色"为"红色"，"文字(向下)"子类别"线颜色"为"红色"，单击"确定"，退出"对象样式"对话框，观察视图注释的文字标变化为红色了。并注意修改后，其他视图也作了相应变化。

(4)切换至默认三维视图，打开"对象样式"对话框，展开"模型对象"选项卡中"墙"类别，单击"修改子类别"栏中的"新建"按钮，弹出图 12 - 11 所示的"新建子类别"对话框，在

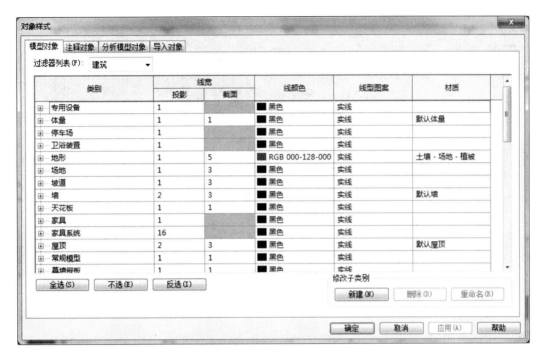

图 12 - 8　建筑规程中的模型对象样式

图 12 - 9　修改楼梯对象样式

图 12 - 10　修改楼梯注释对象样式

"名称"文本框中输入"室外散水",作为子类别名称;确认"子类别属于"墙类别。完成后单击"确定"按钮返回"对象样式"对话框。

(5)如图 12 - 12 墙子类别中,新添加了名称为"室外散水"的新子类别。确认"室外散水"子类别"投影线宽"线宽代号为2,修改"截面线宽"线宽代号为3;修改

图 12 - 11　新建墙的子类别

"线颜色"为"黄色",线型图案为"实线"。设置完成后单击"确定"按钮,退出"对象样式"对话框。

(6)选择任意散水模型图元,打开"类型属性"对话框,如图 12 - 13 所示,修改"墙子类别"参数为"室外散水",该子类别是上面第(4)步操作中新添加的子类别。完成后单击"确定"按钮,退出"类型属性"对话框,注意观察视图中散水边缘投影线的变化。

Revit Architecture 允许为任何模型对象类别和绝大多数注释对象类别创建"子类别",但不允许在项目中新建对象类别,对象类别被固化在"规程"中。使用族编辑器自定义族时,可以在族编辑器中为该族中各模型图元创建该族所属对象的子类别。在项目中载入带有自定义的子类别族时,族中的子类别设置也将同时显示在项目中对应的对象类别下。

可以针对特定视图或视图中特定图元指定对象显示样式。选择需要修改的图元,单击鼠标右键,在弹出的菜单中选择"替换视图中的图形—按图元"选项,可以打开"视图专有图元

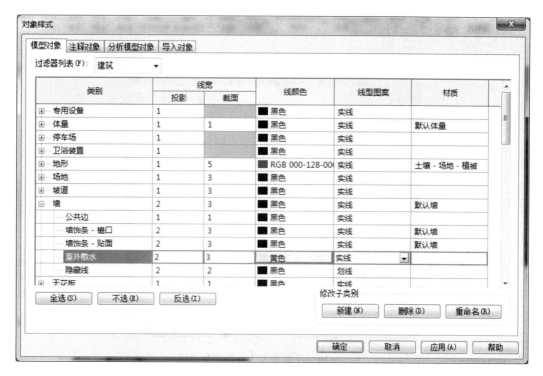

图 12 – 12　修改"室外散水"对象样式

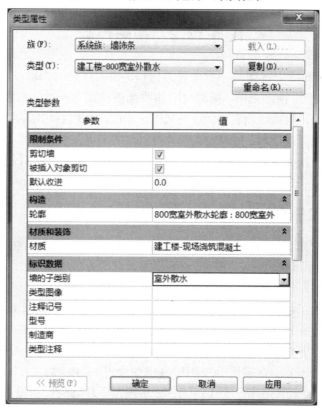

图 12 – 13　修改"墙的子类别"为"室外散水"对象样式

图形"对话框。如图 12 – 14 所示,可以分别修改各线型的可见性、线宽、颜色和线型图案。

图 12 – 14   视图专有图元图形对话框

任务 12.2   视图控制

在 Revit Architecture 中视图是查看项目的窗口,视图按显示类别可以分为平面视图、剖面视图、详图索引视图、绘图视图、图例视图和明细表视图共 6 大类视图。除明细表视图以明细表的方式显示项目的统计信息外,这些视图显示的图形内容均来自项目三维建筑设计模型的实时剖切轮廓截面或投影,可以包含尺寸标注、文字等注释类信息。

可以根据需要控制各视图的显示比例、显示范围,设置视图中对象类别和子类别的可见性。

12.2.1   修改视图显示属性

使用视图"属性"面板,可以调整视图的显示范围、显示比例等属性。接下来,继续设置建工楼视图属性,学习设置 Revit Architecture 视图属性的方法。

操作提示:

(1)接上节练习。切换至 F2 楼层平面视图,该视图中除显示模型 F2 标高模型投影和截面外,还以淡灰色淡显 F1 楼层平面视图模型图元。在"视图"选项卡的"图形"面板中,单击"视图属性"按钮,打开"视图属性"对话框。

(2)如图 12 – 15 所示,在实例参数图形分组中设置"基线"为"无",即在当前视图中不显示基线视图。确认"视图比例"为 1:100,显示模型"为"标准";设置"详细程度"为"粗略","模型图形样式"为"隐藏线",这些参数的含意与学习单元 2 中介绍的视图底部"视图显示控制栏"中内容完全相同。设置"墙连接显示"为"清理所有墙连接",该选项仅当设置视图详细程度为粗略时才有效；确认视图"规程"为"建筑"，不修改其他参数。完成后单击"确定"按钮，退出视图图"实例属性"对话框，注意此时视图中不再显示基线图形和视图中墙截面显示的变化。

图 12－15　视图属性

视图"详细程度"决定在视图中显示模型的详细程度，视图详细程度从粗略、中等到详细，依次更为精细，可以显示模型的更多细节。以墙对象为例，图 12－16 所示为建工楼项目中类型为"建工楼－砖墙240－外墙－带饰面"图元在粗略和精细视图详细程度下的显示状态。墙在粗略视图详细程度下仅显示墙表面轮廓截面，而在精细视图详细程度下将显示墙"编辑结构"对话框中定义的所有墙结构截面。同时注意在建工楼项目中与外墙相连的建筑柱详细程度随墙显示的变化而自动变化。对于使用族编辑器自定义的可载入族，可以在定义族时指定不同的详细程度下显示的模型对象。

"基线"视图是在当前平面视图下显示的另一个平面视图，比如，在二层平面图中看到一层平面图的模型图元，就可以把一层设置为"基线"视图，"基线"视图会在当前视图中以半色调显示，以便和当前视图中的图元区别。"基线"除了可以为楼层平面视图外，还可以是天花板视图，在开启"基线"视图后，可以通过定义视图实例参数中的"基线方向"，指定在当前视图中显示该视图相关标高的楼层平面或是天花板平面。

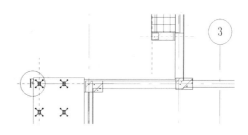

图 12－16　外墙的显示模式

"规程"即项目的专业分类。项目视图的规程有"建筑"、"结构"、"机械"、"电气"和"协调"。Revit Architecture 根据视图规程亮显属于该规程的对象类别，并以半色调的方式显示不属于本规程的图元对象，或者不显示不属于本规程的图元对象。比如，选择"电气"将淡显建筑和结构类别的图元，选择"结构"将隐藏视图中的非承重墙。

在"管理"选项卡的"设置"面板中单击"其他设置"下拉列表，在列表中选择"半色调/基线"选项，打开图 12－17 所示"半色调/基线"对话框。在该对话框中，可以设置替换基线视图的线宽、线型填充图案、是否应用半色调显示，以及半色调的显示亮度等。"半色调"的亮度设置同时将影响不同规程，以及"显示模型"方式为"作为基线"显示时图元对象在视图中的显示方式。

（3）继续以上步骤，切换至 F1 楼层平面视图。视图中仅显示 F1 标高之上的模型投影和截面，未显示室外散水等低于 F1 标高的图元构件。按出图要求，这些内容都显示在 F1 标高（即一层平面图）当中。打开视图"属性"对话框，单击实例参数范围参数分组中"视图范围"后的"编辑"按钮，打开"视图范围"对话框。

（4）如图 12－18 所示，修改"视图深度"栏中"标高"为"标高之下（室外地坪）"，设置"偏

图 12 – 17   半色调/基线对话框

移量"值为 0。其他参数不变，单击"确定"按钮，退出"视图范围"对话框。注意 Revit Architecture 在 F1 楼层平面视图中投影显示"室外地坪"标高中散水等模型投影，但以红色虚线显示这些模型投影。

图 12 – 18   半色调/基线对话框

（5）在"管理"选项卡的"设置"面板中单击"其他设置"下拉列表，在列表中选择"线样式" 线样式 选项，打开"线样式"对话框，单击"线"前面的"＋"，展开"线子类别"，如图 12 – 19 所示，修改线"＜超出＞"子类别线宽代号为 1，修改线颜色为黑色，修改"线型图案"为"实线"。设置完成后单击"确定"按钮，退出"线样式"对话框。注意"室外地坪"标高中模型在当前视图中散水等均显示为黑色细线。

在"线样式"对话框中，可以新建用户自定义的线子类别，带尖括号的子类别为系统内置线子类别，Revit Architecture 不允许用户删除或重命名系统内置子类别。在视图中使用"线处理"工具或"详图线"工具在绘制二维详图时可使用的线子类别。

图 12 – 19　线样式子类别对话框

　　（6）打开"视图范围"对话框，设置"主要范围"栏中"底"标高为"标高之下（室外地坪）"，设置"偏移量"为0，其他参数不变，单击"确定"按钮，退出"视图范围"对话框。

　　（7）注意视图中散水显示的变化。在上一节中，设置墙子类别"散水"在视图中显示的线颜色为"黄色"。通过设置"视图范围"对话框主视图范围中"底"选项，视图中散水显示为对象样式设置的颜色。

　　（8）切换至 F2 楼层平面视图，单击"视图"选项卡"创建"面板"平面视图"下拉列表中的"平面区域"工具，在入口钢结构雨篷位置范围内绘制平面区域，打开平面区域"属性"对话框中的"视图范围"，按图 12 – 20 所示修改视图范围。

图 12 – 20　平面区域的视图范围设置

　　（9）单击"确定"，完成后在 F2 楼层平面视图中显示位于 F1 标高的室外台阶投影，如图 12 – 21 所示。

　　在 Revit Architecture 中，每个楼层平面视图和天花板平面视图都具有"视图范围"视图属

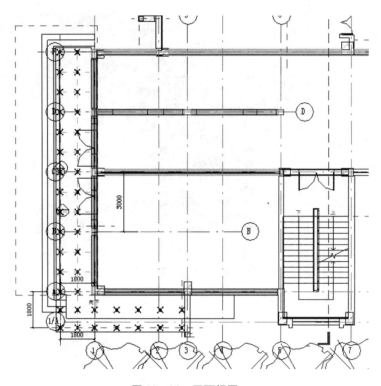

图 12 – 21　平面视图

性,该属性也称为可见范围。

如图 12 – 22 所示,从立面视图角度显示平面视图的视图范围:顶部①、剖切面②、底部③、偏移量④、主要范围⑤和视图深度⑥。"主要范围"由"顶部平面"、"底部平面"用于指定视图范围的最顶部和最底部的位置,"剖切面"是确定视图中某些图元可视剖切高度的平面,这3个平面用于定义视图范围的主要范围。

"视图深度"是视图主要范围之外的附加平面可以设置视图深度的标高,以显示位于底裁剪平面之下的图元,默认情况下该标高与底部重合,"主要范围"的"底"不能超过"视图深度"设置的范围。主要范围和视图深度范围外的图元不会显示在平面视图中,除非设置视图实例属性中的"基线"参数。

在平面视图中,Revit Architecture 将使用"对象样式"中定义的投影线样式绘制属于视图"主要范围"内未被"剖切面"截断的图元,使用截面线样式绘制被"剖切面"截断的图元;对于"视图深度"范围内的图元,使用"线样式"对话框中定义的" < 超出 >"线子类别绘制。注意并不是"剖切面"平面经 过的所有主要范围内的图元对象都会显示为截面,只有允许剖切的对象类别才可以绘制为截面线样式。

12.2.2　控制视图图元显示

可以控制图元对象在当前视图中的显示或隐藏,用于生成符合施工图设计需要的视图。可以按对象类别控制对象在当前视图中的显示或隐藏,也可以显示或隐藏所选择图元。在综

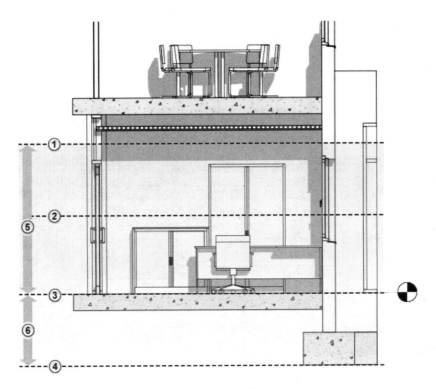

图 12-22　平面视图

合楼项目中，F1 楼层平面视图中显示了包括 RPC 构件在内的图元，首层楼梯样式显示不符合中国施工图制图标准。需调整视图中各图图元对象的显示，以满足施工图纸的要求。

操作提示：

（1）接上节练习。切换至 F2 楼层平面视图，在"视图"选项卡的"图形"面板中单击"可见性/图形"工具，打开"可见性/图形替换"对话框。与"对象样式"对话框类似，"可见性/图形替换"对话框中有模型类别、注释类别、分析模型类别、导入的类别和过滤器 5 个选项卡。

（2）确认当前选项卡为"模型类别"，在"可见性"列表中显示了当前规程中所有模型对象类别，如图 12-23 所示，取消勾选"专用设备"、"家具"、"常规模型"和"植物"等不需要在视图中显示的类别。Revit Architecture 将在当前视图中隐藏未被选中的对象类别和子类别中所有图元，为后面的施工图作好准备。

（3）切换至"注释类别"选项卡，取消勾选"参照平面"、"平面区域"和"立面"类别中的"可见性"选项。设置完成后单击"确定"按钮，退出"可见性/图元替换"对话框。视图中显示内容符合施工图要求，如图 12-24 所示。

（4）切换至西立面视图，选择任意 RPC 植物，单击鼠标右键，在弹出的菜单中选择"在视图中隐藏—类别"选项，如图 12-25 所示，隐藏视图中的植物对象类别。使用相同的方式隐藏施工图中不需要显示的对象类别。注意：在视图中隐藏类别，是把整个视图中的该类别图元全部隐藏。

（5）西立面视图中，除了左右两端的轴线需显示在施工图中外，其他轴线都须隐藏。选

图 12 – 23　平面视图的可见性/图形替换对话框

择需要隐藏的轴线，单击鼠标右键，在弹出的菜单中选择"在视图中隐藏—图元"选项，如图 12 – 26 所示。隐藏所选择轴线。切换至其他立面视图，使用相同的方式根据立面施工图出图要求隐藏视图中的图元。

隐藏图元后，可单击视图控制栏中的"显示隐藏的图元" ❓ 按钮，Revit Architecture 将淡显其他图元并以红色显示已隐藏的图元。选择隐藏图元，单击鼠标右键，从弹出的菜单中选择"取消在视图中隐藏—类别或图元"选项，即可恢复图元的显示。再次单击视图控制栏中的"显示隐藏的图元"按钮，返回正常视图模式。

在前面介绍建模过程中，多次使用视图显示控制栏中的"临时隐藏/隔离"工具隐藏或隔离视图中对象。与"可见性/图形"工具不同的是，"临时隐藏/隔离"工具临时隐藏的图元在重新打开项目或打印出图时仍将被打印出来，而"可见性/图形"工具则是在视图中永久隐藏图元。要将"临时隐藏/隔离"的图元变为永久隐藏，可以在"临时隐藏/隔离"选项列表中选择"将隐藏/隔离应用于视图"选项。

12.2.3　视图过滤器

除使用上一小节中介绍的图元控制方法外，还可以根据图元对象参数条件，使用视图过滤器按指定条件控制视图中图元的显示。必须先创建视图过滤器，才能在视图中使用过滤

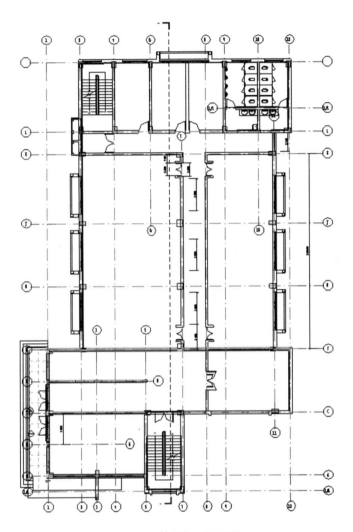

图 12-24　控制视图图元显示

图 12-25　在视图中隐藏类别

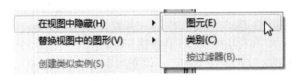

图 12-26　在视图中隐藏图元

条件。

操作提示:

(1)接上节练习。切换至 F1 楼层平面视图,在"视图"选项卡的"创建"面板中单击"复制视图"下拉选项列表,在列表中选择"复制视图" 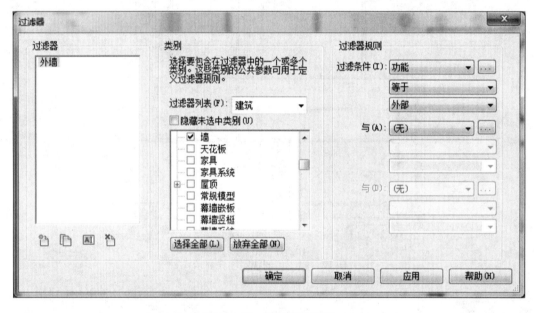 选项,以 F1 视图为基础复制新建名称为"F1 副本 1"的楼层平面视图,自动切换至该视图。不选择任何图元,修改属性面板"标识数据"参数分组中"视图名称"为"F1 外墙"。

(2)在"视图"选项卡的"图形"面板中单击"过滤器"工具,弹出"过滤器"对话框。如图 12 - 27 所示,单击"过滤器"对话框中的"新建"按钮,在弹出的"过滤器名称"对话框中输入"外墙"作为过滤器名称,单击"确定"按钮,返回"过滤器"对话框。在类别栏对象类别列表中选择"墙"对象类别,设置过滤规则列表中"过滤条件"为"功能",判断条件为"等于",值为"外部",过滤条件取决于所选择对象类别中可用的所有实例和类型参数。

图 12 - 27 过滤器对话框

(3)使用类似的方式,新建名称为"内墙"的过滤器,选择对象类别为"墙",设置过滤条件为"功能",判断条件为"等于",值为"内部"。设置完成后单击"确定"按钮完成过滤器设置。

(4)打开"可见性/图形替换"对话框,切换至"过滤器"选项卡,单击"添加"按钮,弹出"添加过滤器"对话框,在对话框中列出了项目中已定义的所有可用过滤器。按住键盘 Ctrl 键选择"外墙"、"内墙"过滤器,单击"确定"按钮,退出"添加过滤器"对话框。

(5)如图 12 - 28 所示,在"可见性/图形替换"对话框中列出已添加的过滤器。设置"外墙"过滤器中"截面填充图案"颜色为"红色",填充图案为"实体填充";勾选名称为"内墙"过滤器中"半色调"选项。完成后单击"确定"按钮,退出"可见性/图形替换"对话框。

(6)切换至默认三维视图,复制该视图并重命名为"3D 外墙过滤",打开"可见性/图形替

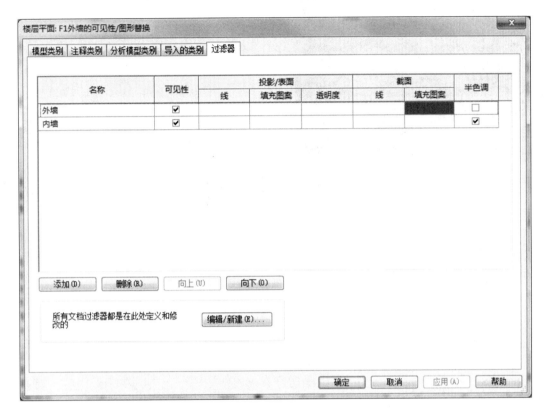

图 12 – 28　可见性/图形对话框

换"对话框,按类似的方式添加"外墙"过滤器。勾选"半色调","投影/表面透明度"设为50%,单击"确定"完成设置,三维视图如图 12 – 29 所示。

使用视图过滤器,可以根据任意参数条件过滤视图中符合条件的图元对象,并可按过滤器控制对象的显示、隐藏及线型等。利用视图过滤器可根据需要突出强调表达设计意图,使图纸更生动、灵活。

在任何视图上单击鼠标右键,即可调出复制视图菜单如图 12 – 30 所示。使用"复制视图"功能,可以复制任何视图生成新的视图副本,各视图副本可以单独设置可见性、过滤器、视图范围等属性。复制后新视图中将仅显示项目模型图元,使用"复制视图"列表中的"带细节复制"还可以复制当前视图中所有的二维注释图元,但生成的视图副本将作为独立视图,在原视图中添加尺寸标注等注释信息时不会影响副本视图,反之亦然。如果希望生成的视图副本实时与原视图实时关联,可以使用"复制作为相关"的方式复制新建视图副本。"复制作为相关"的视图副本中将实时显示主视图中的任何修改,包括添加二维注释信息,这在对较大尺度的建筑,如工业厂房进行视图拆分时将非常高效。

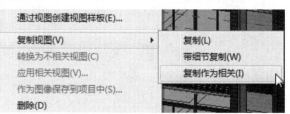

图 12 – 29　可见性/图形对话框　　　　　　　　　图 12 – 30　复制视图菜单

任务 12.3　管理视图与创建视图

除复制现有视图外，可以根据需要在项目中建立任意类型的视图，并利用 Revit Architecture 的视图样板功能，快速应用视图显示特性。

12.3.1　使用视图样板

使用"可见性/图形替换"对话框中设置的对象类别可见性及视图替换显示仅限于当前视图。如果有多个同类型的视图需要按相同的可见性或图形替换设置，则可以使用 Revit Architecture 提供的视图样板功能将设置快速应用到其他视图。

操作提示：

（1）接上节练习。切换至 F2 楼层平面视图，在"视图"选项卡的"图形"面板中单击"视图样板"下拉选项列表，在列表中选择"从当前视图创建样板" 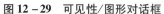 选项，在弹出的"新视图样板"对话框中输入"建工楼 – 标准层"作为视图样板名称，完成后单击"确定"按钮，退出"新视图样板"对话框。

（2）弹出"视图样板"对话框，如图 12 – 31 所示，Revit Architecture 自动切换视图样板"视图类型过滤器"为"楼层、结构、面积平面"类型，并在名称列表中列出当前项目中该显示类型所有可用的视图样板。在对话框"视图属性"板块中列出了多个与视图属性相关的参数，比如"视图比例"、"详细程度"等，且这些参数继承了"F2"楼层平面中的设置。当创建了视图样板后，可以在其他平面视图中使用此视图样板，达到快速设置视图显示样式的目的。单击"视图样板"对话框中的"确定"按钮，完成视图样板设置。

（3）切换至 F3 楼层平面视图，该视图仍然显示"基线"视图以及参照平面、立面视图符号、剖面视图符号等对象类别，在"视图"选项卡的"图形"面板中单击"视图样板"下拉工具列表，在列表中选择"将新样板应用至视图" 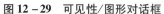 选项，弹出的"应用视图样板"对话框如图 12 – 32 所示，确认"视图类型过滤器"为"楼层、结构、面积平面"，在名称列表中

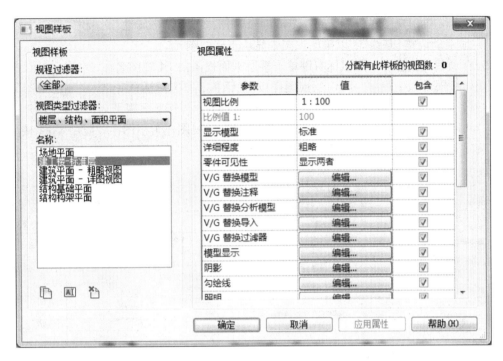

图 12 - 31　视图样板

选择上一步中新建的"建工楼 - 标准层"视图样板。完成后单击"确定"按钮，将视图样板应用于当前视图。F3 视图将按视图样板中设置的视图比例、视图详细程度、"可见性/图形替换"设置等显示当前视图图形。

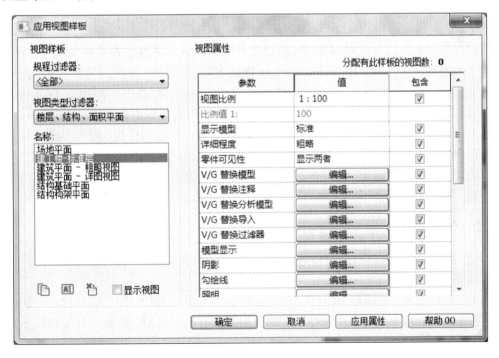

图 12 - 32　应用视图样板

(4)提示：应用视图样板后，Revit Architecture 不会自动修"属性"面板中"基线"的设置，因此，必须手动调整"基线"，以确保视图中显示正确的图元。

(5)在项目浏览器中，用鼠标右键单击楼层平面视图中 F4 视图名称，在弹出的菜单中选择"应用样板属性"选项，打开"应用视图样板"对话框，勾选对话框底部的"显示视图"选项，在名称列表中除列出已有视图样板外，还将列出项目中已有平面视图名称，如图 12 – 33 所示。选择"F3"楼层平面视图，单击"确定"按钮，将 F3 视图作为视图样板应用于 F4 楼层平面视图，则 F4 视图按 F3 视图的设置重新显示视图图形。

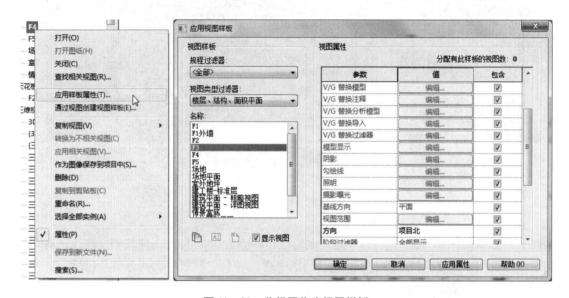

图 12 – 33　将视图作为视图样板

使用视图样板可以快速根据视图样板设置修改视图显示属性。在处理大量施工图纸时，无疑将大大提高工作效率。Revit Architecture 提供了"三维视图、漫游"、"天花板平面"、"楼层、结构、面积平面"、"渲染、绘图视图"和"立面、剖面、详图视图"等多类不同显示类型的视图样板，在使用视图样板时，应根据视不同的视图类型选择合适类别的视图样板。

在 Revit 2016 中，如果某个视图中的"视图属性"定义了视图样板，则视图样板与当前视图属性单向关联，即如果修改了"视图样板"里的设置，则此样板的视会根据样板设置发生变化，但是如果在视图中定义了视图样板，则无法单独修改视图的样式，对话框中的参数将显示为灰色，如图 12 – 34 所示。

12.3.2　创建视图

Revit Architecture 可以根据设计需要创建剖面、立面及其他任何需要的视图。

操作提示：

(1)接上节练习。切换至 F1 楼层平面视图，在项目浏览器中，用鼠标右键单击剖面视图名称，在弹出的右键关联菜单中选择"删除"，删除所有已有剖面，视图中对应的剖面符号也将被删除。

(2)在"视图"选项卡的"创建"面板中单击"剖面"工具，进入"剖面"上下文关联选项卡。

图 12-34　无法修改视图样式

在类型列表中选择"剖面：建筑剖面-国内符号"作为当前类型，确认选项栏中"比例"值为"1∶100"，不勾选"参照其他视图"选项，设置偏移量为 0。适当放大南向楼梯间左侧视图位置，在左侧楼梯段下方⑭轴线外墙散水外侧空白处单击作为剖面线起点，沿垂直向上方向移动鼠标光标直到建工楼 M 轴线外墙散水外侧空白位置，由于剖切从下往上，剖切视图方向从右向左，如果希望从左往右显示视图方向，应单击"翻转剖面"符号 ⇆，翻转视图方向，剖切线还可以转折，点击"剖面"面板中的"拆分线段"工具 ，鼠标随即变成" "形状，在剖切线上需要转折剖切的位置单击鼠标左键，拖动鼠标到北向楼梯左边梯段（②轴右边）位置，单击鼠标完成剖面绘制，同时，显示"剖面图造型操纵柄"及视图范围"拖曳"符号，可以精确修改剖切位置及视图范围，生成视图名称为"Section 0"剖面视图，完成后按 Esc 键两次，退出剖面绘制模式。双击"剖面符号"蓝色标头或者在"项目浏览器"中的"视图"下的"剖面"中双击相应视图名称，Revit Architecture 将为该剖面生成剖面视图，如图 12-35 所示。

　　（3）生成的剖面视图后，隐藏视图中参照平面类别、轴线、裁剪区域、RPC 构件等不需要显示的图元。如图 12-36 所示，注意：剖面"属性"面板中，调整该"视图比例"为"1∶100"；修改默认视图"详细程度"为"粗略"；修改"当比例粗略度超过下列值时隐藏"参数中比例值为"1∶500"，即当在可以显示剖面符号的视图中（如楼层平面视图），当比例小于 1∶500 时，将隐藏剖面视图符号。修改该视图名称为"剖面 1"；取消勾选"裁剪区域可见"选项；"远剪裁偏移"值显示了当前剖面视图中视图的深度，即在该值范围内的模型都将显示在剖面视图

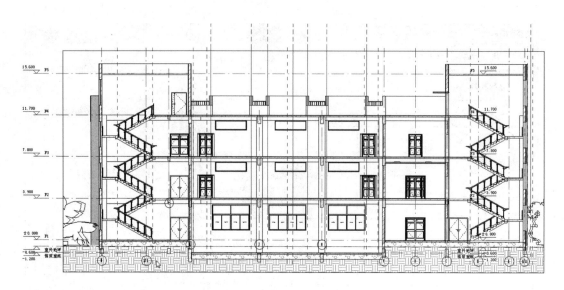

图 12-35　生成剖面视图

中，不修改其他参数，单击"确定"按钮应用设置值。进一步修改剖面视图，为后续的绘制剖面图作好准备。

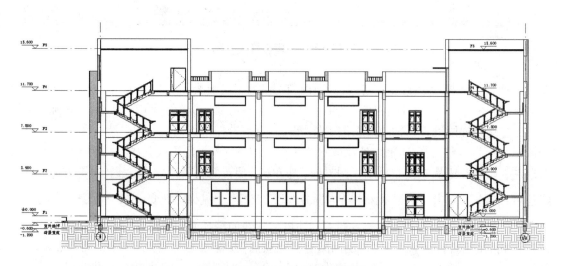

图 12-36　进一步修改剖面视图

任务12.4　绘制平面图

在 Revit Architecture 中完成项目视图设置后，可以在视图中添加尺寸标注、高程点、文字、符号等注释信息，进一步完成施工图设计中需要的注释内容。

在施工图设计中，按视图表达的内容和性质分为平面图、立面图、剖面图和大样详图等几种类型。前面内容中，已经完成楼层平面视图、立面视图和剖面视图的视图显示及视图属性的设置，下面结合建工楼项目，介绍如何再添加这些视图的施工图所需要的注释信息。

12.4.1　绘制平面施工图

在平面视图中，需要详细表述总尺寸、轴网尺寸、门窗平面定位尺寸，即通常所说的"三道尺寸线"，以及视图中各构件图元的定位尺寸，还必须标注平面中各楼板、室内室外标高，以及排水方向、坡度等信息。一般来讲，对于首层平面图纸还必须添加指北针等符号，以指示建筑的方位，在 Revit Architecture 中可以在布置图纸时添加指北针信息。

Revit Architecture 提供了对齐、线性、角度、径向、直径、弧长共 6 种不同形式的尺寸标注，如图 12－37 所示，其中对齐尺寸标注用于沿相互平行的图元参照（如平行的轴线之间）之间标注尺寸，而线性尺寸标注用于标注选定的任意两点之间的尺寸线。

图 12－37　标注

与 Revit Architecture 其他对象类似，要使用尺寸标注，必须设置尺寸标注类型属性，以满足不同规范下施工图的设计要求。下面以建工楼项目为例，介绍在视图中添加尺寸标注。

操作提示：

（1）接前面练习。切换至 F1 楼层平面视图，注意设置视图控制栏中该视图比例为 1:100。拖动各方向的轴线控制点，调整此视图中的轴线长度并对齐，以方便进行尺寸标注，在"注释"选项卡的"尺寸标注"面板中单击"对齐"标注工具，自动切换至"放置尺寸标注"上下文关联选项卡，此时"尺寸标注"面板中的"对齐"标注模式被激活。

（2）确认当前尺寸标注类型为"线性尺寸标注样式：固定尺寸界线"，打开尺寸标注"类型属性"对话框，如图 12－38 所示。确认图形参数分组中尺寸"标记字符串类型"为"连续"；"记号"为"对角线 3 mm"；设置

图 12－38　尺寸标注类型属性

"线宽"参数线宽代号为1,即细线;设置"记号线宽"为3,即尺寸标中记号显示为粗线;确认"尺寸界线控制点"为"固定尺寸标注线";设置"尺寸界线长度"为8 mm;"尺寸界线延伸"长度为2 mm;即尺寸界线长度为固定的8 mm,且延伸2 mm;设置"颜色"为"蓝色";确认"尺寸标注线捕捉距离"为8 mm,其他参数见图中所示。注意:尺寸标注中"线宽"代号取自于"线宽"设置对话框"注释线宽"选项卡中设置的线宽值。

(3)在文字参数分组中,设置"文字大小"为3.5 mm,该值为打印后图纸上标注尺寸文字高度;设置"文字偏移"为0.5 mm,即文字距离尺寸标注线为0.5 mm;设置"文字字体"为"仿宋","文字背景"为"透明";确认"单位格式"参数为"1235[mm](默认)",即使用与项目单位相同的标注单位显示尺寸长度值;取消勾选"显示洞口高度"选项;确认"宽度系数"值为1,即不修改文字的宽高比,如图12-39所示。完成后单击"确定"按钮,完成尺寸标注类型参数设置。注意:当标注门、窗等带有洞口的图元对象时"显示洞口高度"选项将在尺寸标注线旁显示该图元的洞口高度。

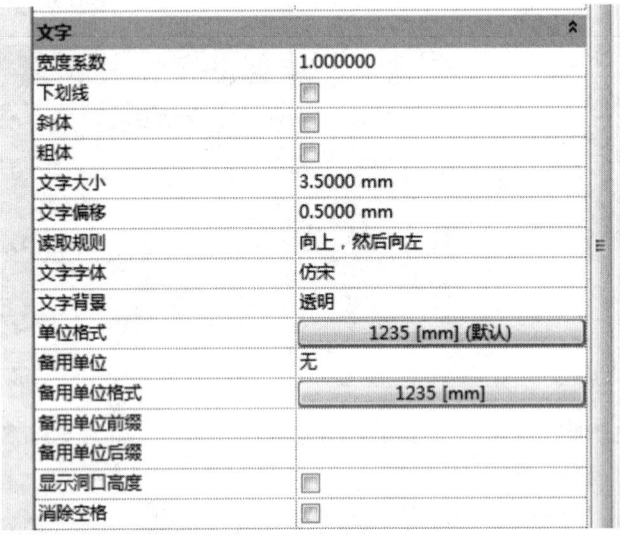

文字	
宽度系数	1.000000
下划线	☐
斜体	☐
粗体	☐
文字大小	3.5000 mm
文字偏移	0.5000 mm
读取规则	向上,然后向左
文字字体	仿宋
文字背景	透明
单位格式	1235 [mm] (默认)
备用单位	无
备用单位格式	1235 [mm]
备用单位前缀	
备用单位后缀	
显示洞口高度	☐
消除空格	☐

图12-39 尺寸标注文字属性

(4)确认选项栏中的尺寸标注,默认捕捉墙位置为"参照核心层表面",尺寸标注"拾取"方式为"单个参照点"。如图12-40所示,依次单击建工楼入口处轴线、门、窗洞口边缘及幕墙外侧装饰墙洞口边缘,Revit Architecture在所拾取点之间生成尺寸标注预览,拾取完成后,向下方移动鼠标指针,当尺寸标注预览完全位于在办公楼南侧时,单击视图任意空白处完成第一道尺寸标注线。

继续使用"对齐尺寸"标注工具,依次拾取①~⑫轴线,拾取完成后移动尺寸标注预览至上一步创建的尺寸标注线下方;稍上下移动鼠标指针,当距已有尺寸标注距离为尺寸标注类型参数中设置的"尺寸标注线捕捉距离"时,Revit Architecture会磁吸尺寸标注预览至该位置,单击放置第二道尺寸标 注。继续依次单击①轴线、①轴线左侧垂直方向墙核心层外表面、⑫轴线及⑫轴线右侧外墙核心层外表面,创建第三道尺寸标注。完成后按Esc键两次,退出放置尺寸标注状态。

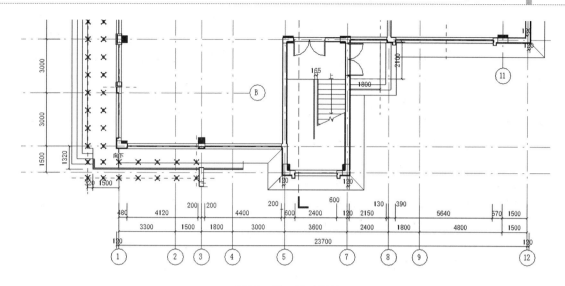

图 12-40　尺寸标注

　　适当放大⑫轴线右侧第三道尺寸标注线，选择第三道尺寸标注线，Revit Architecture 给出尺寸标注线操作控制夹点，按住"拖拽文字"操作夹点向右移动鼠标指针，移动尺寸标注文字位置至尺寸界线右侧，取消勾选"引线"选项，去除尺寸标注文字与尺寸标注原位置间引线，尽量使文字不重叠，完成后按 Esc 键，退出修改尺寸标注状态。

　　（5）参照上一步骤，完成其他位置的尺寸标注，如图 12-41 所示。

　　添加尺寸标注后，将在标注图元间自动添加尺寸约束。可以修改尺寸标注值，修改图元对象之间的位置。选择要修改位置的图元对象，与该图元对象相关联的尺寸标注将

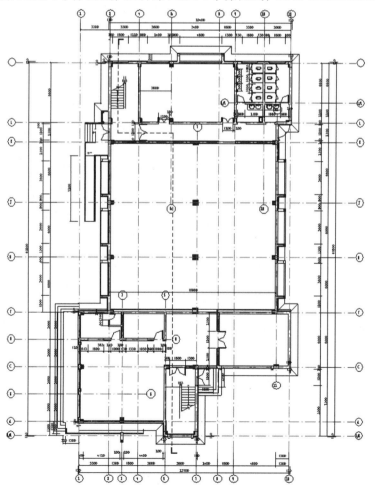

图 12-41　完成尺寸标注

变为蓝色，与使用临时尺寸标注类似的方式修改尺寸标注值，将移动所选图元至新的位置。

使用尺寸标注的"EQ"等分约束保持窗图元间自动等分。选择尺寸标注，在尺寸标注下方出现"锁定"标记单击该标记，可将该段尺寸标注变为锁定状态S，将约束该尺寸标注相关联图元对象。当修改具有锁定状态的任意图元对象位置时，Revit Architecture 会移动所有与之关联的图元对象以保持，尺寸标注值保持不变。将松散标记的尺寸标注解锁后，所有参照的几何图形也随之解锁，并取消约束。

12.4.2　绘制立面施工图

处理立面施工图时，需要加粗立面轮廓线，并标注标高、门窗安装位置的详细尺寸线。下面以建工楼项目南立面为例，说明在 Revit Architecture 中完成立面施工图的一般步骤。

操作提示：

（1）接上节练习。切换至西立面视图，打开视图实例属性中的"裁剪视图"和"裁剪区域"可见选项。调节裁剪区域，显示建工楼部分全部模型并裁剪室外地坪下方地坪部分，如图12－42 所示。

图 12－42　裁剪立面视图

（2）在"修改"选项卡的"编辑线处理"面板中单击"线处理"工具，系统自动切换至"线处理"上下文关联选项卡，设置"线样式"类型为"宽线"；在南立面视图中沿立面投影外轮廓依次单击，修改视图中投影对象边缘线类型为"宽线"，如图 12－43 所示，完成后按Esc 键，退出线处理模式。

（3）适当延长底部轴线长度。使用对齐标注工具，确定当前尺寸标注类型

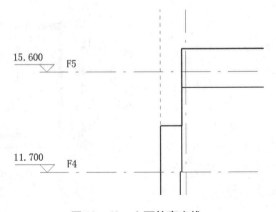

图 12－43　立面轮廓宽线

为"固定尺寸界线标注Ⓜ轴线及Ⓜ轴线左侧墙核心层外表面、①Ⓐ轴线及①Ⓐ轴线右侧墙核心层外表面。使用对齐尺寸标注工具，按图 12－44 所示沿右侧标高标注立面标高、窗安装位置，作为立面第一道尺寸标注线；标注各层标高间距离，作为立面第二道尺寸标注线；标注室外地坪标高、F1 标高和 F5 标高作为第三道尺寸标注线。继续细化标注其他需要在立面中标注的尺寸标注。

图 12－44　标注标高线及门窗洞口尺寸

（4）使用"高程点"工具，设置当前类型为"立面空心"；拾取生成立面各层窗底部、顶部标高，并标注入口处雨篷底面标高，如图 12－45 所示。

图 12－45　标注门窗洞口标高

（5）由于立面图中一般不应标高出标高线中间线段，因此，应对中间线段进行隐藏。打开"管理"菜单，选择"其他设置\线形图案" ▦▦线型图案 工具，调出"线形图案"对话框，单击"新建"按钮，设置名称为"bg"的线型图案属性，如图 12－46 所示。注意：线型图案属性中的

"空间"数值需要试验,使其显示情形符合要求。点击任意标高线,在"属性"面板中,单击"编辑类型",调出"类型属性"对话框,修改"线型图案"为刚才创建的"bg"线型,单击"确定",隐藏标高线中间线段,如图12-47所示。

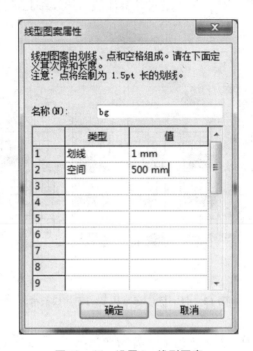

图 12-46 设置 bg 线型图案

图 12-47 隐藏标高线中间线段

(6)继续在立面上绘制分层线。由于分层线只绘制在立面图上,不属于模型的实体图元部分,因此,可以采用"注释"菜单"详图"面板中的"详图线"工具 来绘制,注意"属性"面板中，"线样式"应改成"细线"。在立面上一层标高以上 3600 处分层线，再向上 200 复制另一条细线，构成立面"分层线"，同样，复制第二、第三层相应位置的分层线，如图 12 – 48 所示。

图 12 – 48　绘制立面分层线

　　（7）在"注释"选项卡的"文字"面板中单击"文字"工具，系统自动切换至"放置文字"上下文关联选项卡，设置当前文字类型为"3.5 mm 仿宋"；打开文字"类型属性"对话框，如图 12 – 49 所示，修改图形参数分组中的"引线箭头"为"实心点 lmm"，设置"线宽"代号为 1，其他参照图 12 – 49 所示，完成后单击"确定"按钮，退出"类型属性"对话框。

　　（8）如图 12 – 50 所示，在"放置文字"上下文关联选项卡中，设置"对齐"面板中文字水平对齐方式为"左对齐"，设置"引线"面板中文字引线方式为"二段引线"。

　　（9）在西立面视图中，

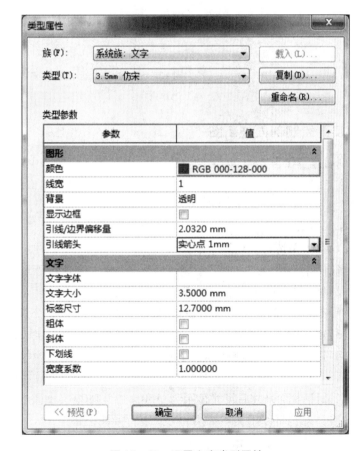

图 12 – 49　设置文字类型属性

在百叶窗位置单击鼠标作为引线起点，垂直向上移动鼠标指针，绘制垂直方向引线，在女儿墙上方单击生成第一段引线，再沿水平向方向向右移动鼠标并单击绘制第二段引线，进入文字输入状态；输入"银灰色铝合金空调百叶"，完成后单击空白处任意位置，完成文字输入，同样，在分层线处标注"200 高灰白色三色砖分层线"，完成后结果如图 12 – 51 所示。

图 12 – 50　设置文字对齐方式

图 12 – 51　注释立面做法文字

12.4.3　绘制剖面施工图

剖面施工图与立面施工图类似，可以直接在剖面视图中添加尺寸标注等注释信息，完成剖面施工图表达。下面以建工楼项目剖面 1 为例，说明在 Revit Architecture 中完成剖面施工图的方法。

操作提示：

（1）接上节练习。切换至剖面 1 视图，调节视图中轴线、轴网。使用对齐尺寸标注工具，确认当前标注类型为"固定尺寸界线"，按图 12 – 52 所示添加尺寸标注。

（2）使用"高程点"工具，确认当前高程点类型为"立面空心"；依次拾取楼梯休息平台顶面位置，添加楼梯休息平台高程点标高，使用相同的设置添加剖面天花板底面标高。

（3）使用对齐尺寸标注工具，标注楼梯各梯段高度，结果如图 12 – 52 所示

（4）选择上一步中创建的尺寸标注。单击 F1 第一梯段标注文字，弹出"尺寸标注文字"对话框，如图 12 – 53 所示，设置前缀为"150 × 13 ="，完成后单击"确定"按钮，退出"尺寸标注文字"对话框，修改后尺寸显示为"150 × 12 = 1800"，如图 12 – 53 所示。

（5）另外也可以用文字替换的方式进行标注值替换，按同样的方法打开"尺寸标注文字"对话框，设置尺寸标注值方式为"以文字替换"，并在其后文字框中输入"150 × 12 = 1800"，完成后单击"确定"按钮，退出"尺寸标注文字"对话框，Revit Architecture 将以文字替代尺寸

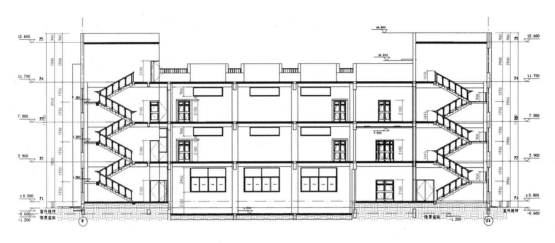

图 12 – 52　标注剖面尺寸

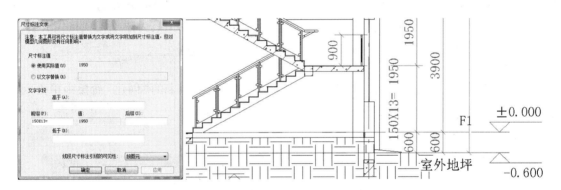

图 12 – 53　替换梯段剖面尺寸标注

标注值，如图 12 – 54 所示。

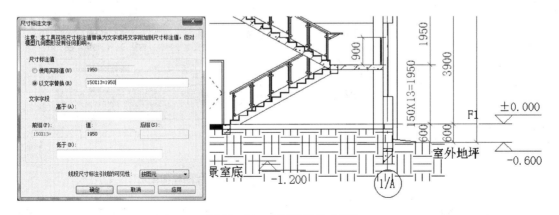

图 12 – 54　文字替代尺寸标注

任务12.5 创建详图索引及详图视图

详图绘制有3种方式，即"纯三维"、"纯二维"及"三维＋二维"。对于某些楼梯详图、卫生间等一些详图，由于模型建立时信息基本已经完善，可以通过详图索引直接生成，此时索引视图和详图视图模型图元是完全关联的。对于一些节点大样，如屋顶挑檐，大部分主体模型已经建立，只需在详图视图中补充一些二维图元即可，此时索引视图和详图视图的三维部分是关联的。而有些节点大样由于无法用三维表达或者可以利用已有的 DWG 图纸，那么可以在 Revit Architecture 生成的详图视图中采用二维图元的方式绘制或者直接导入 DWG 图形，以满足出图的要求。在实际工作中，大部分情况下都是采用"三维＋二维"的方式来完成我们的设计，下面将对这种详图的创建方法进行详细说明，并介绍如何利用原有 DWG 图纸来创建详图。

12.5.1 生成详图

Revit Architecture 提供了详图索引工具，可以将现有视图进行局部放大用于生成索引视图，并在索引视图中显示模型图元对象。下面继续使用详图索引工具为建工楼项目生成索引详图，并完成详图设计。

操作提示：

（1）接上节练习。切换至 F1 楼层平面视图。在"视图"选项卡的"创建"面板中单击"详图索引"工具，系统自动切换至"详图索引"上下文关联选项卡。

（2）设置当前详图索引类型为"楼层平面：楼层平面"，打开"类型属性"对话框，修改"族"为"系统族：详图视图"，单击"复制"按钮，复制出名称为"建工楼－详图视图索引"的新详图索引名称。如图 12－55 所示，修改"详图索引标记"为"详图索引标头，包括 3 mm 转角"，设置"剖面标记"为"无剖切号"，修改"参照标签"为"参照"。完成后单击"确

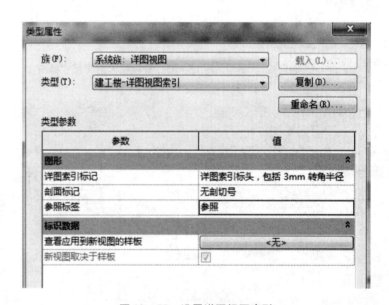

图 12－55 设置详图视图索引

定"按钮，退出"类型属性"对话框。注意："剖面标记"参数用于控制详图索引，并为剖切面显示在"相交视图"时的标记样式中。

（3）确认当前索引类型为上一步中新建的"建工楼–详图视图索引"；不勾选"参数其他视图"选项。适当放大建工楼部分卫生间，按图 12 –56 所示位置作为对角线绘制索引范围。Revit Architecture 在项目浏览器中自动创建"详图视图"视图类别，并创建名称为"详图 0"的详图视图。生成视图后，可以通过"属性"面板或视图控制栏及视图样板的方式调节详图索引视图的比例。

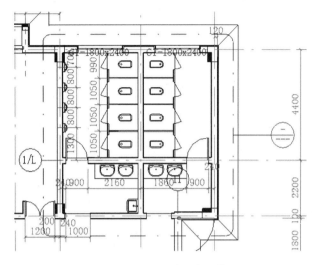

图 12 –56　绘制详图索引范围

提示：在项目浏览器中，Revil Architecture 将根据视图的类型名称组织视图类别，例如，在本例中，由于使用的详图索引的类型名称为"建工楼–详图视图索引"，因此在项目浏览器中，将生成"详图视图（建工楼–详图视图索引）"视图类别。

（4）切换至"详图 0"视图。精确调节视图裁剪范围框，在视图中仅保留卫生间部分。单击底部视图控制栏中的"隐藏裁剪区域"按钮 ，关闭视图裁剪范围框。使用"详图构件"工具，选择"注释"菜单下"详图"面板中"构件"下"详图构件" 详图构件 工具，并在"属性"面板中选择类型为"折断线：折断线"，按空格键将折断线翻转 90°，单击Ⓜ轴线左侧被详图索引截断的外墙位置放置折断线详图，按 Esc 键退出放置详图构件模式。如图 12 – 57 所示，选择放置的详图构件，通过拖曳范围夹点修改折断线形状。使用类似的方式在其他被打断的墙位置添加"折断线"。

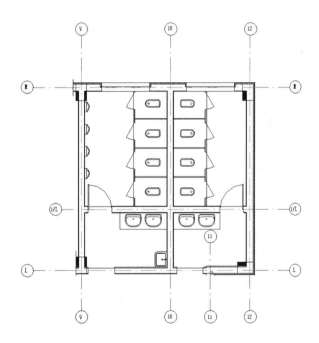

图 12 –57　绘制详图折断线

（5）载入族库文件夹中"\China\建筑\卫生器具\2D\常规卫浴\地漏 2D. rfa"族文件，并放置到合适位置，注意放置时的标高应为 F1，否则在视图中看不到此构件。

（6）使用按类别标记、尺寸标注来标注该详图视图，配合使用详图线、自由标高符号等二维工具，完成卫生间大样的标注，结果如图 12 –58 所示。注意：注释对象必须位于"注释裁剪"范围框内才会显示。

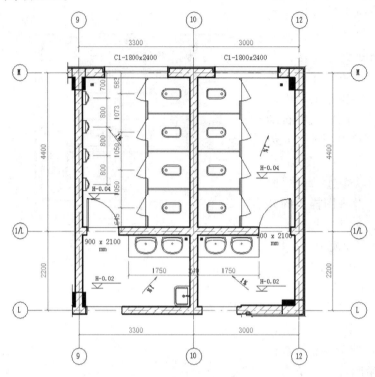

图 12-58　绘制卫生间详图

（7）不选择任何图元，"属性"面板中将显示当前视图属性。如图 12-59 所示，确定实例参数图形参数分组中的"显示在"选项为"仅父视图"，修改标记数据参数分组中的"视图名称"为"卫生间大样"，修改"默认视图样板"为"建筑平面图-详图视图"，单击"应用"按钮应用上述设置。

（8）在"视图"选项卡的"图形"面板中单击"视图样板"下拉列表中的"管理视图样板"工具🔧管理视图样板，打开"视图样板"对话框，选择"建筑平面-详图视图"样板，单击"V/G 替换模型"后的"编辑"按钮，打开此视图样板的"可见性/图形替换"对话框，勾选"替换主体层"栏中的"截面线样式"选项，使其后的"编辑"按钮变得可用。单击"编辑"按钮，打开"主体层线样式"对话框，修改"结构[1]"功能层"线宽"代号为 3，即显示为粗线，修改其他功能层的"线宽"代号为 1，即显示为细线；确认"线颜色"均为黑色，"线型图案"均为"实线"，如图 12-60 所示。设置完成后单击两次"确定"按钮，返回"视图样板"对话

图 12-59　编辑详图视图属性

框。采用同样的方法和参数设置对"建筑剖面 – 详图模式"样板进行修改，为后面的剖面详图
绘制作准备。

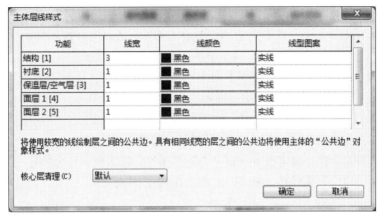

图 12 – 60　编辑详图视图属性

（9）切换至刚创建的"卫生间大样"详图视图，如图 12 – 61 所示，在项目浏览器中的"卫生
间大样"视图名称上单击鼠标右键，从弹出的菜单中选择"应用默认视图样板"。应用后"卫生间
大样"详图视图将按视图样板内的设置重新生成图面表达，墙、结构柱等将被正确填充。

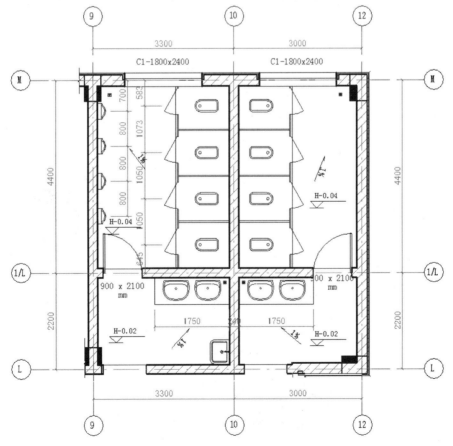

图 12 – 61　卫生间详图大样

12.5.2 绘制视图及 DWG 详图

在创建详图索引时，除了可以直接索引显示视图中的模型图元外，还可以使新建的详图索引指向其他绘图视图。该方式特别适用于对已有 DWG 格式的标准图样的引用。

操作提示：

（1）接一小上节练习。切换至剖面 1 视图。使用详图索引工具设置当前类型为"详图视图：建工楼 – 详图视图索引"，打开其类型属性对话框，修改"详图索引标记"为"详图索引标头，包括 3 mm 转角半径"，设置"剖面标记"为"无剖切号"，修改"参照标签"为"参照"，完成后单击确定按钮，退出"类型属性"对话框。在"参照"面板中，勾选"参照其他视图"选项，在视图列表中选择"< 新绘图视图 >"选项。

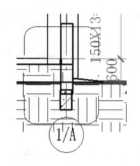

图 12 – 62　外墙防水索引

（2）按图 12 – 62 所示位置在Ⓐ轴线散水位置绘制详图索引范围，Revit Architecture 会自动建立"绘图视图（详图）"视图类别，并将生成的索引视图组织在该视图类别中，修改该视图名称为"外墙防水做法大样"。

3.切换至该视图，目前新绘图视图中的内容为空白。在"插入"选项卡的"导入"面板中单击"导入 CAD"按钮 ，打开"导入 CAD 格式"对话框。确认对话框底部"文件类型"为"DWG 文件"，打开"外墙防水做法大样.dwg"文件，设置"颜色"为"黑白"，即将原 DWG 图形各图元颜色转换为黑色，设置导入"单位"为"毫米"，其他选项采用默认值，如图 12 – 63 所示。单击"打开"按钮，导入 DWG 文件。导入 DWG 文件后的效果如图 12 – 64 所示。注意：Revit Architecture 会按原 DWG 文件中图形内容大小显示导入的 DWG 文件。视图比例仅会影响导入图形的线宽显示，而不会影响 DWG 图形中尺寸标注、文字等注释信息的大小。

图 12 –63　导入 DWG 文件设置

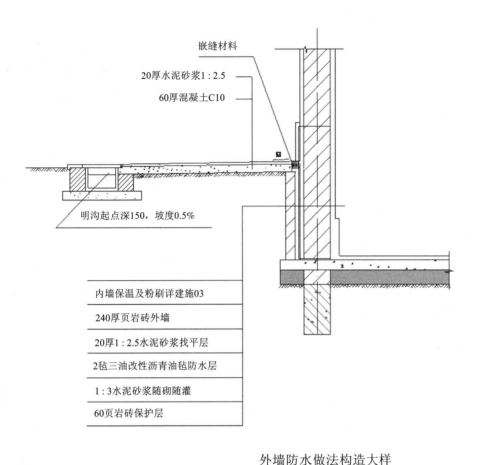

嵌缝材料

20厚水泥砂浆1:2.5

60厚混凝土C10

明沟起点深150，坡度0.5%

内墙保温及粉刷详建施03

240厚页岩砖外墙

20厚1:2.5水泥砂浆找平层

2毡三油改性沥青油毡防水层

1:3水泥砂浆随砌随灌

60页岩砖保护层

外墙防水做法构造大样

图 12 - 64　导入的外墙防水构造 DWG 文件

使用导入 DWG 方式可以确保在施工图设计阶段能最大限度发挥和利用已有的 DWG 详图和大样资源，加快施工图阶段设计进程，并可以利用 Revit Architecture 的强大视图管理功能管理和整合项目资源。

"图例"工具可以创建项目中任意族类型的图例样例。在图例视图中，可以根据需要设置各族类型在图例视图中的显示方向。图例视图中显示的族类型图例与项目所使用的族类型自动保持关联，当修改项目中使用的族类型参数时，图例会自动更新，从而保证设计数据的统一、完整和准确。

任务 12.6　统计门窗明细表及材料

使用"明细表/数量"工具可以按对象类别统计并列表显示项目中各类模型图元信息，例如，可以统计项目中所有门、窗图元的宽度、高度、数量等。下面继续完成建工楼项目中门、窗构件的明细表统计，并学习明细表统计的一般方法。

12.6.1 创建门明细表

操作提示：

(1)接上节练习。在建工楼项目所使用的项目样板中，已经设置了门明细表和窗明细表两个明细表视图，并组织在项目浏览器"明细表/数量"类别中。分别切换至门明细表视图，默认明细表视图如图12-65所示，显示当前项目中所有门信息。

<门明细表>

A	B	C	D	E	F	G	H
设计编号	洞口尺寸		参照图集	楼数		备注	类型
	高度	宽度		总数	标高		
700 x 2100 m	2100	700		1	F1		单扇平开木门20
900 x 2100 m	2100	900		2	F1		单扇平开镶玻璃
900 x 2100 m	2100	900		2	F2		单扇平开镶玻璃
900 x 2100 m	2100	900		2	F3		单扇平开镶玻璃
1000 x 2100	2100	1000		2	F1		单扇平开木门20
1000 x 2100	2100	1000		3	F2		单扇平开木门20
1000 x 2100	2100	1000		5	F3		单扇平开木门20
1000 x 2400	2400	1000		2	F1		门洞
1000 x 2400	2400	1000		1	F2		门洞
1000 x 2400	2400	1000		2	F3		门洞
1200 x 2100m	2100	1800		1	F1		子母门
1200 x 2100m	2100	1200		2	F1		双扇平开木门7
1200 x 2100m	2100	1200		5	F2		双扇平开木门7
1200 x 2100m	2100	1200		3	F3		双扇平开木门7
1800 x 2100	2100	1800		4	F1		双扇平开木门 1
1800 x 2100	2100	1800		1	F2		双扇平开木门 1
1800 x 2100	2100	1800		1	F4		双扇平开木门 1
1800 x 2100	2100	1800		1	F1		双扇平开木门7
1800 x 2100	2100	1800		3	F3		双扇平开木门7
FM3-1500x210	2100	1500		1	F4		子母门
M1000x2100-C	2400	2400		1	F3	木制门联窗带亮	门联窗_002

图 12-65 门明细表

(2)根据需要定义任意形式的明细表。在"视图"选项卡的"创建"面板中单击"明细表"工具下拉列表，在列表中选择"明细表/数量"工具，弹出"新建明细表"对话框，如图12-66所示，在"类别"列表中选择"门"对象类型，即本明细表将统计项目中门对象类别的图元信息；修改明细表名称为"建工楼-门明细表"，确认明细表类型为"建筑构

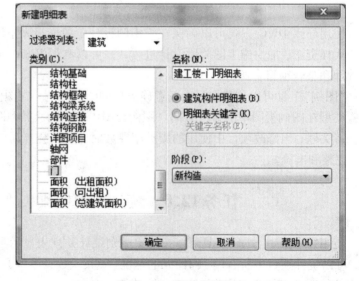

图 12-66 新建门明细表

件明细表”，其他参数默认，单击“确定”按钮，打开“明细表属性”对话框。

（3）如图12－67所示，在“明细表属性”对话框的“字段”选项卡中，“可用字段”列表中显示门对象类别中所有可以在明细表中显示的实例参数和类型参数，依次在列表中选择“类型”、“宽度”、“高度”、“注释”、“合计”和“框架类型”参数，单击“添加”按钮，添加到右侧的“明细表字段”列表中。在“明细表字段”列表中选择各参数，单击“上移”或“下移”按钮，按图中所示顺序调节字段顺序，该列表中从上至下顺序反映了明细表从左至右各列的显示顺序。注意：并非所有图元实例参数和类型参数都能作为明细表字段。族中自定义的参数中，仅使用共享参数才能显示在明细表中。

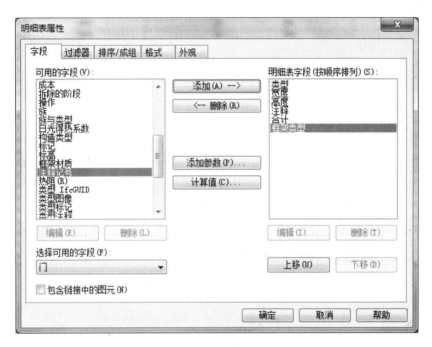

图 12－67　门明细表属性—字段

（4）切换至“排序/成组”选项卡，设置“排序方式”为“类型”，排序顺序为“升序”；不勾选“逐项列举每个实例”选项，即Revit Architecture将按门“类型”参数值在明细表中汇总显示各已选字段，如图12－68所示。

（5）切换至“外观”选项卡，如图12－69所示，确认勾选“网格线”选项，设置网格线样式为“细线”；勾选“轮廓”选项，设置轮廓线样式为“中粗线”，取消勾选“数据前的空行”选项；确认勾选“显示标题”和“显示页眉”选项，分别设置“标题文本”、“标题”和“正文”样式为“3.5 mm 仿宋”，单击“确定”按钮，完成明细表属性设置。

（6）Revit Architecture自动按指定字段建立名称为“建工楼－门明细表”新明细表视图，并自动切换至该视图，如图12－70所示，并自动切换至“修改明细表/数量”上下文关联选项卡。仅当将明细表放置在图纸上后，“明细表属性”对话框“外观”选项卡中定义的外观样式才会发挥作用。

（7）在明细表视图中可以进一步编辑明细表外观样式，如图12－71所示，按住并拖动鼠

图 12-68　门明细表属性—排序/成组

图 12-69　门明细表属性—外观

标左键选择"宽度"和"高度"列页眉，右击鼠标，调出光标菜单，选择"使页眉成组"
使页眉成组 合并生成新表头单元格。

<建工楼-门明细表>

A	B	C	D	E	F
类型	宽度	高度	注释	合计	框架类型
700 x 2100 mm	700	2100		1	
900 x 2100 mm	900	2100		6	
1000 x 2100 m	1000	2100		10	
1000 x 2400 m	1000	2400		6	
1200 x 2100mm	1800	2100		1	
1200 x 2100mm	1200	2100		12	
1800 x 2100 m	1800	2100		6	
1800 x 2100 m	1800	2100		5	
FM3-1500x210	1500	2100		1	
M1000x2100-C	2400	2400		1	

图 12-70　建工楼—门明细表

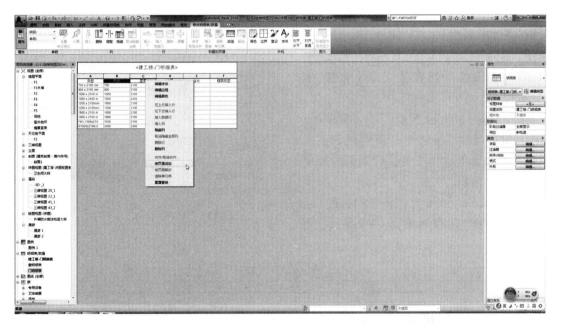

图 12-71　页眉成组

（8）单击合并生成的新表头行单元格，进入文字输入状态，输入"尺寸"作为新页眉行名称，结果如图 12-72 所示。

单击表头各单元格名称，进入文字输入状态后，可以根据设计需要修改各表头名称。

选择行后，可以单击"明细表"面板中"删除"按钮来删除明细表中的门类型，但要注意 Revit Architecture 将同时从项目模型中删除图元，请谨慎操作。其他操作不再赘述。

可以在明细表中添加计算公式，从而利用公式计算窗洞口面积。

（9）在建工楼-窗明细表的"属性"对话框中，单击"字段"选项卡后的"编辑"按钮，可以调出"明细表属性"对话框。单击"计算值"按钮，弹出"计算值"对话框，如图 12-73 所示，输入字段名称为"洞口面积"，设置"类型"为"面积"，单击"公式"后的"…"按钮，打开"字

<建工楼-门明细表>

A	B	C	D	E	F
	尺寸				
类型	宽度	高度	注释	合计	框架类型
700 x 2100 mm	700	2100		1	
900 x 2100 mm	900	2100		6	
1000 x 2100 m	1000	2100		10	
1000 x 2400 m	1000	2400		6	
1200 x 2100mm	1800	2100		1	
1200 x 2100mm	1200	2100		12	
1800 x 2100 m	1800	2100		6	
1800 x 2100 m	1800	2100		5	
FM3-1500x210	1500	2100		1	
M1000x2100-C	2400	2400		1	

图 12-72　输入成组页眉表头文字

段"对话框,选择"宽度"及"高度"字段,形成"宽度*高度"公式,然后单击"确定"按钮,返回"明细表属性"对话框,修改"洞口面积"字段位于列表最下方,单击"确定"按钮,返回明细表视图。

(10)如图 12-74 所示,Revit Architecture 将根据当前明细表中各窗宽度和高度值计算洞口面积,并按项目设置的面积单位显示洞口面积。

Revit Architecture 允许将任何视图(包括名细表视图)保存为单独 RVT 文件,用

图 12-73　设置洞口面积字段

<建工楼-门明细表>

A	B	C	D	E	F	G
	尺寸					
类型	宽度	高度	注释	合计	框架类型	洞口面积
700 x 2100 mm	700	2100		1		1.47 m²
900 x 2100 mm	900	2100		6		1.89 m²
1000 x 2100 m	1000	2100		10		2.10 m²
1000 x 2400 m	1000	2400		6		2.40 m²
1200 x 2100mm	1800	2100		1		3.78 m²
1200 x 2100mm	1200	2100		12		2.52 m²
1800 x 2100 m	1800	2100		6		3.78 m²
1800 x 2100 m	1800	2100		5		3.78 m²
FM3-1500x210	1500	2100		1		3.15 m²
M1000x2100-C	2400	2400		1		5.76 m²

图 12-74　添加并计算洞口面积

于与其他项目共享视图设置。单击"应用程序菜单"按钮,在列表中选择"另存为—库—视图"选项,弹出"保存视图"对话框,如图 12-75 所示。

在对话框中选择显示视图类型为"显示所有视图和图纸",在列表中勾选要保存的视图,单击"确定"按钮即可将所选视图保存为独立的 RVT 文件,如图 12-76 所示,或在项目浏览

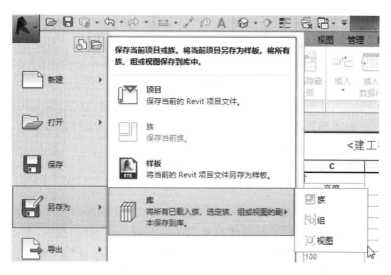

图 12 - 75　保存视图选项

器中右键单击要保存的视图名称, 在弹出的菜单中选择"保存到新文件", 也可将视图保存为
RVT 文件。

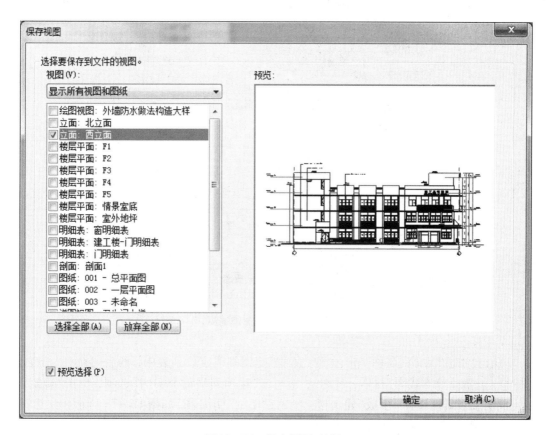

图 12 - 76　保存视图对话框

Revit Architecture 仅会保存视图属性设置而不会保存视图中的模型对象图形内容。对于包含重复详图、详图线、区域填充等详图构件的视图,在保存视图时将随视图同时保存这些详图构件,用于与其他项目共享详图。使用"从文件插入""插入文件中的二维图元"选项即可插入这些保存的图元。

Revit Architecture 中"明细表/数量"工具生成的明细表与项目模型相互关联,明细表视图中显示的信息源自 BIM 模型数据库。可以利用明细表视图修改项目中模型图元的参数信息,以提高修改大量具有相同参数值的图元属性时的效率。

12.6.2　材料统计

材料的数量是项目施工采购或项目概预算基础,Revit Architecture 提供了"材质提取"明细表工具,用于统计项目中各对象材质生成材质统计明细表。"材质提取"明细表的使用方式与上一节中介绍的"明细表/数量"类似。下面使用"材质提取"统计建工楼项目中墙材质。

操作提示:

(1)接上节练习。单击"视图"选项卡"创建"面板中的"明细表"工具下拉列表,在列表中选择"材质提取"工具![材质提取图标],弹出"新建材质提取"对话框,如图 12 - 77 所示,在"类别"列表中选择"墙"类别,输入明细表名称为"建工楼 - 墙材质明细",单击"确定"按钮,打开"材质提取属性"对话框,该对话框与上一节中介绍的"明细表属性"对话框非常相似。

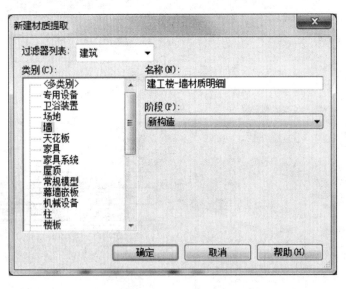

图 12 - 77　新建墙材质提取

(2)依次添加"材质:名称"和"材质:体积"至明细表字段列表中,然后切换至"排序/成组"标签,设置排序方式为"材质:名称";不勾选"逐项列举每个实例"选项,单击"确定"按钮,完成明细表属性设置,生成"建工楼 - 墙材质明细"明细表,如图 12 - 78 所示。注意明细表已按材质名称排列,但"材质:体积"单元格内容为空白。

(3)打开明细表视图"实例属性"对话框,单击"格式"参数后的"编辑"按钮,打开"材质

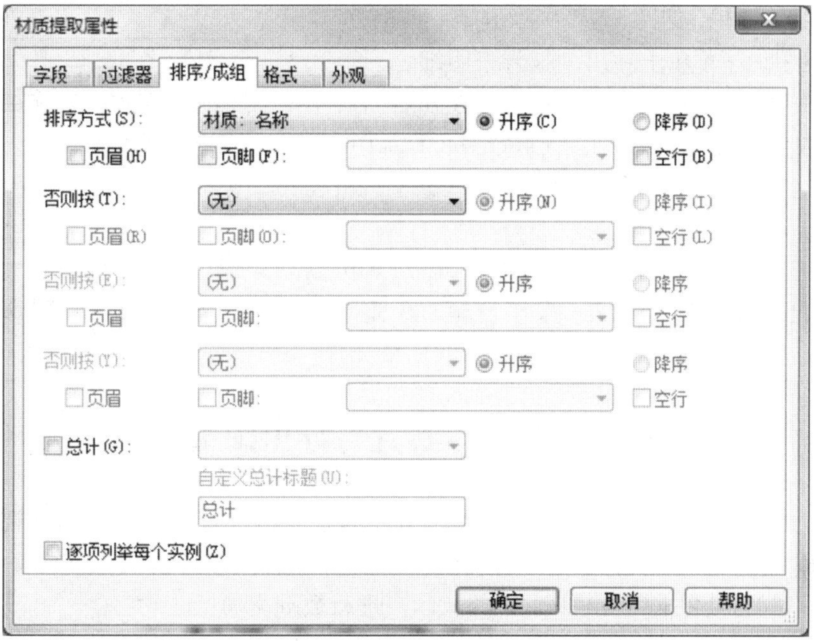

图 12 - 78　墙材质提取属性—排序/成组

提取属性"对话框并自动切换至"格式"选项卡,如图 12 - 79 所示,在"字段"列表中选择"材质:体积"字段,勾选"计算总数"选项,单击"确定"按钮两次,返回明细表视图。注意:单击"字段格式"按钮可以设置材质体积的显示单位、精度等。默认采用项目单位设置。

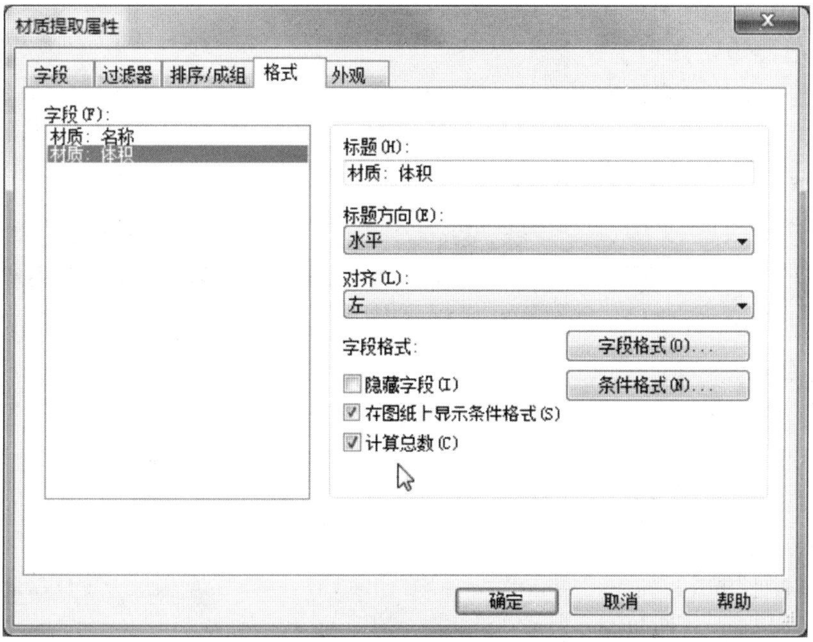

图 12 - 79　墙材质提取属性—格式

（4）Revit Architecture 会自动在明细表视图中显示各类材质的汇总体积，如图12－80所示。

使用"应用程序菜单—导出—报告—明细表"选项，可以将所有类型的明细表均导出为以逗号分隔的文本文件，大多数电子表格应用程序如 Microsoft Excel 可以很好地支持这类文件，将其作为数据源导入电子表格程序中。

其他明细表工具的使用方式都基本类似，读者可以根据需要自行创建各种明细表，限于篇幅，在此不再赘述。

〈建工楼-墙材质明细〉

A	B
材质: 名称	材质: 体积
建工楼-外墙面砖	37.80 ㎡
建工楼-路缘石	2.25 ㎡
建工楼内粉刷	81.10 ㎡
瓷砖	3.91 ㎡
砖石建筑 － 砖 －	688.42 ㎡
隔热层/保温层 －	51.69 ㎡

图12－80　墙材质明细表

任务12.7　布置与导出图纸

在 Revit Architecture 中可以将项目中多个视图或明细表布置在同一个图纸视图中，形成用于打印和发布的施工图纸。Revit Architecture 可以将项目中的视图、图纸打印或导出为 CAD 的文件格式与其他非 Revit Architecture 用户进行数据交换。

12.7.1　布置图纸

使用 Revit Architecture 的"新建图纸"工具可以为项目创建图纸视图，指定图纸使用的标题栏族（图框）并将指定的视图布置在图纸视图中形成最终施工图档。下面继续完成建工楼项目图纸布置。

操作提示：

（1）在"视图"选项卡的"图纸组合"面板中单击"图纸"工具，弹出"新建图纸"对话框，如图12－81所示，单击"载入"按钮，载入光盘"China\标题栏\A0 公制.rfa"族文件。确认"选择标题栏"列表中选择"A0 公制"，单击"确定"按钮，以 A0 公制标题栏创建新图纸视图，并自动切换至该视

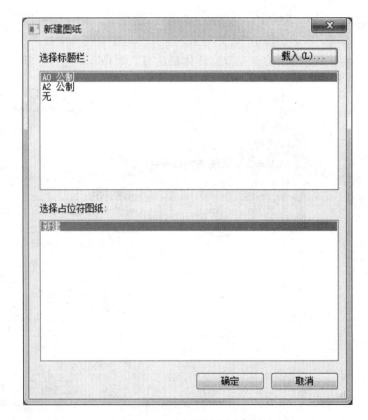

图12－81　新建图纸对话框

图,该视图组织在"图纸(全部)"视图类别中。在项目样板中默认已经创建两个默认图纸视图,因此该图纸视图自动命名为"003 – 未命名"。

(2)在"视图"选项卡的"图纸组合"面板中单击"视图"工具,弹出"视图"对话框,在视图列表中列出当前项目中所有可用视图,如图 12 – 82 所示,选择"楼层平面:F1",单击"在图纸中添加视图"按钮,Revit Architecture 给出 F1 楼层平面视图范围预览,确认选项栏"在图纸上旋转"选项为"无",当显示视图范围完全位于标题栏范围内时,单击放置该视图。注意:在图纸中添加视图时,也可以通过直接拖曳选择视图方式进行添加。

图 12 – 82　选择视图

(3)在图纸中放置的视图称为"视口",Revit Architecture 自动在视图底部添加视口标题,默认将以该视图的视图名称命名该视口,如图 12 – 83 所示。

(4)打开本视图的"剪裁视图"功能,让剪裁框去除多余的图元信息,使图面更加规整。注意:本视图中的"剪裁视图"已在"F1"楼层平面视图中设置。

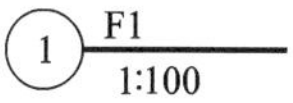

$\overset{F1}{\underset{1:100}{\text{①——————}}}$

图 12 – 83　视口

(5)载入光盘"China \ 标题栏\视图标题. rfa"族文件。选择图纸视图中的视口标题,打开"类型属性"对话框,复制新建名称为"建工楼 – 视图标题"的新类型;修改类型参数"标题"使用的族为"视图标题"族,确认"显示标题"选项为"是",取消勾选"显示延伸线"选项,其他参数如图 12 – 84 所示,完成后单击"确定"按钮,退出"类型属性"对话框。

(6)此时视口标题类型修改为如图 12 – 85 所示的样式。选择视口标题,按住并拖动视口标题至图纸中间位置。

(7)在新建的图纸中选

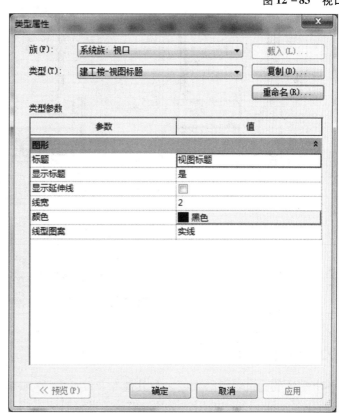

图 12 – 84　视图标题属性

择刚放入的视口,打开视口"属性"对话框,修改"图纸上的标题"为"一层平面图",注意"图纸编号"和"图纸名称"参数已自动修改为当前视图所在图纸信息,如图 12 – 86 所示,单击"应用"按钮完成设置,注意图纸视图中视口标题名称同时修改为"一层平面图"。

一层平面图 1 : 100

图 12 – 85 视图标题

标识数据	
视图样板	<无>
视图名称	F1
相关性	不相关
图纸上的标题	一层平面图
图纸编号	005
图纸名称	未命名
参照图纸	
参照详图	

(8)在"注释"选项卡的"详图"面板中单击"符号"工具,进入"放置符号"上下文选项卡。设置当前符号类型为"指北针",在图纸视图左下角空白位置单击放置指北针符号。

图 12 – 86 修改标题名称

(9)拖曳已编辑好的 F2 楼层平面视图,并相应修改标题名称,输入其他相关信息,完成本视图,如图 12 – 87 所示。

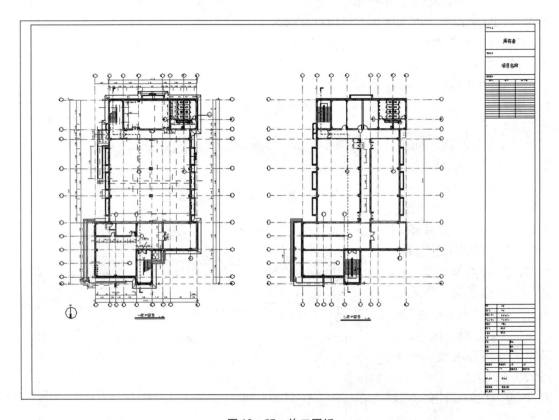

图 12 – 87 施工图纸

12.7.2 导出 CAD 图纸

一个完整的建筑项目必须要求与其他专业设计人员(如结构、给排水)共同合作完成。因此使用 Revit Architecture 的用户必须能够为这些设计人员提供 CAD 格式的数据。Revit Architecture 可以将项目图纸或视图导出为 DWG、DXF、DGN 及 SAT 等格式的 CAD 数据文件,方便为使用 AutoCAD、Microstation 等 CAD 工具的设计人员提供数据。下面以最常用的 DWG 数据为例来介绍如何将 Revit Architecture 数据转换为 DWG 数据。虽然 Revit Architecture 不支持图层的概念，但可以设置各构件对象导出 DWG 时对应的图层，以方便在 CAD 中的运用。

操作提示：

（1）接上节练习。单击"应用程序菜单"按钮，在列表中选择"导出—选项—导出设置 DWG/DXF"选项，打开"修改 DWG/DXF 导出设置"对话框，如图 12 – 88 所示，该对话框中可以分别对 Revit 模型导出为 CAD 时的图层、线形、填充图案、字体、CAD 版本等进行设置。在"层"选项卡列表中指定各类对象类别及其子类别的投影和截面图形在导出 DWG/DXF 文件时对应的图层名称及线型颜色 ID。进行图层配置有两种方法，一是根据要求逐个修改图层的名称、线颜色等，二是通过加载图层映射标准进行批量修改。

图 12 – 88　DWG/DXF 导出设置—层

（2）单击"根据标准加载图层"下拉列表按钮，Revit Architecture 中提供了 4 种国际图层映射标准，以及从外部加载图层映射标准文件的方式。选择"从以下文件加载设置"，在弹出的对话框中选择光盘中的"DVD\scene\chapter20\Other\exportlayers – Revit – tangent. txt"配置文件，然后退出选择文件对话框。

提示：可以单击"另存为"按钮将图层映射关系保存为独立的配置文本文件。

（3）继续在"修改 DWG/DXF 导出设置"对话框中选择"填充图案"选项卡，打开填充图案映射列表。默认情况下 Revit 中的填充图案在导出为 DWG 时选择的是"自动生成填充图案"，即保持 Revit 中的填充样式方法不变，但是如混凝土、钢筋混凝土这些填充图案在导出为 DWG 后会出现无法被 AutoCAD 识别为内部填充图案，从而造成无法对图案进行编辑的情况，要避免这种情况可以单击填充图案对应的下拉列表，选择合适的 AutoCAD 内部填充样式即可，如图 12 – 89 所示。

图 12 – 89 DWG/DXF 导出设置—填充图案

(4)可以继续在"修改 DWG/DXF 导出设置"对话框中对需要导出的线形、颜色、字体等进行映射配置,设置方法和填充图案类似,请自行尝试。

(5)单击"应用程序菜单"按钮,在列表中选择"导出—CAD 格式—DWG",打开"DWG 导出"对话框,如图 12 – 90 所示,对话框左侧顶部的"选择导出设置"确认为"〈任务中的导出设置〉",即前几个步骤进行的设置,在对话框右侧"导出"中选择"〈任务中的视图/图纸集〉",在"按列表显示"中选择"集中的所有视图和图纸",即显示当前项目中的所有图纸,在列表中勾选要导出的图纸即可。双击图纸标题,可以在左侧预览视图中预览图纸内容。Revit Architecture 还可以使用打印设置时保存的"设置 1"快速选择图纸或视图。

(6)完成后单击"下一步"按钮,打开"导出 CAD 格式"对话框,如图 12 – 91 所示,指定文件保存的位置、DWG 版本格式和命名的规则,单击"确定"按钮,即可将所选择图纸导出为 DWG 数据格式。如果希望导出的文件采用 AutoCAD 外部参照模式,请勾选对话框中的"将图纸上的视图和链接作为外部参照导出",此处设置为不勾选。

(7)如图 12 – 92 所示为导出后的 DWG 图纸列表,导出后会自动命名。

(8)如果使用"外部参照方式"方式导出后,Revit Architecture 除了将每个图纸视图导出为独立的与图纸视图同名的 DWG 文件外,还将单独导出与图纸视图相关的视口为独立的 DWG 文件,并以外部参照的方式链接至与图纸视图同名的 DWG 文件中。要查看 DWG 文件,仅需打开与图纸视图同名的 DWG 文件即可。

注意:导出时,Revit Architecture 还会生成一个与所选择图纸、视图同名的. pep 文件。该文件用于记录导出 DWG 图纸的状态和图层转换的情况,使用记事本可以打开该文件。

(9)如图 12 – 93 所示为在 AutoCAD 中打开导出后的 DWG 文件情况,将在 AutoCAD 的布局中显示导出的图纸视图。此时,如果需要对导出的 CAD 图形文件进行修改,可以切换至

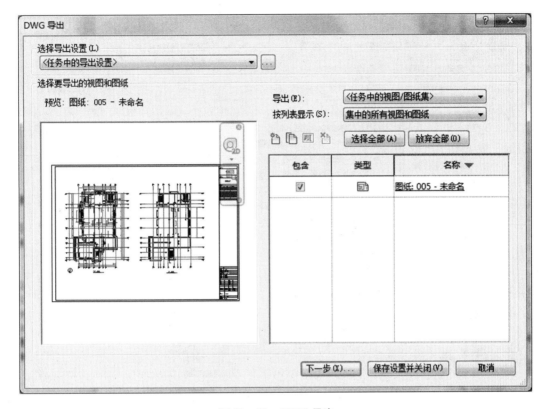

图 12 - 90　DWG 导出

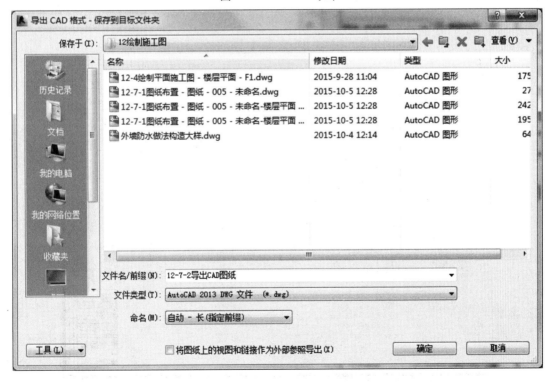

图 12 - 91　导出 CAD 格式对话框

图 12 -92　导出 CAD 图纸文件列表

CAD 模型空间进行相应操作。

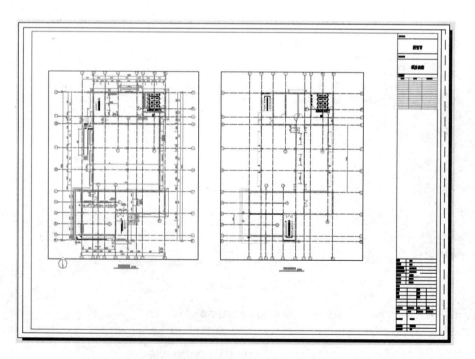

图 12 -93　导出的 CAD 图形文件——图纸空间

（10）除导出为 CAD 格式的文件外，还可以将视图和模型分别导出为 2D 和 3D 的 DWF 文件格式。DWF 文件全称为 Drawing Web Format（Web 图形格式），是由 Autodesk 开发的一种开放、安全的文件格式，它可以将丰富的设计数据高效地分发给需要查看、评审或打印这些数据的使用者。DWF 文件高度压缩，因此比设计文件更小，传递起来更加快速，它不需要用户安装 AutoCAD 或 Revit 软件，只需要安装免费的 Design Review 即可查看 2D 或 3D DWF 文件。

导出 DWF 文件的方法非常简单，只需单击"应用程序菜单按钮"，在选项中选择"导出——DWF/DWFx"，弹出"DWF 导出设置"窗口，如图 12－94 所示，在该对话框中选择要导出的视图，设置 DWF 属性和项目信息即可。

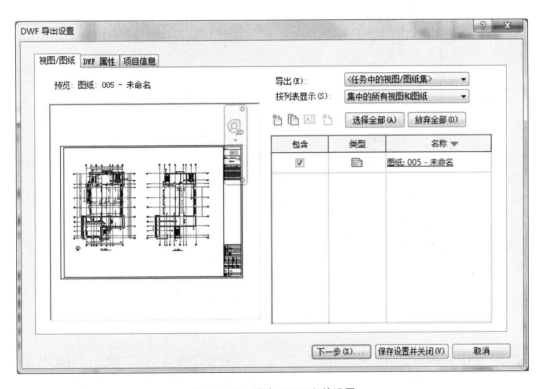

图 12－94　导出 DWF 文件设置

目前 DWF 数据支持两种数据格式，DWF 和 DWFx。其中 DWF 格式的数据在 Vista 或以上版本的系统中可以不需要安装任何插件，直接在 Windows 系统中像查看图片一样查看该格式的图形文件内容即可。目前 Autodesk 公司的所有产品包括 AutoCAD 在内均支持 DWF 格式数据文件的导出操作。

（11）完成项目设计后，可以使用"清除未使用项"工具，清除项目中所有未使用的族和族类型，以减小项目文件的体积。在"管理"选项卡的"设置"面板中单击"清除未使用项"工具 清除 未使用项，打开"清除未使用项"对话框，如图 12－95 所示，在对象列表中，勾选要从项目中清除的对象类型，单击"确定"按钮，即可从项目中消除所有已选择的项目内容。

（12）打开项目文件夹，比较同一项目在"清除未使用项"前后两文件的大小差别，可以发

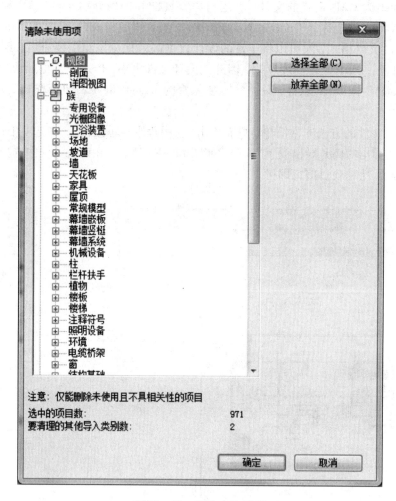

图 12 −95　清除未使用项

现，操作"清除未使用项"清除无效信息后，文件大小减小了许多，这是因为进行此项操作，从项目中移除未使用的视图、族和其他对象，以提高性能，并减小文件大小。因此，一般完成项目后，都应该进行"清除未使用项"操作。

参考文献

［1］柏慕进业. Autodesk Revit Architecture 2015 标准教程. 北京：电子工业出版社，2015

［2］廖小烽，王君峰. Revit2013/2014 建筑设计火星课堂. 北京：人民邮电出版社，2013

［3］黄亚斌，徐钦. Autodesk Revit Architecture 实例详解. 北京：中国水利水电出版社，2013

［4］肖春红. Autodesk Revit Architecture 2015 中文版实操实练. 北京：电子工业出版社，2015

［5］何波. Revit 与 Navisworks 实用疑难 200 问. 北京：中国建筑工业出版社，2015

后　记

2011 年 5 月住房和城乡建设部印发《2011—2015 年建筑业信息化发展纲要》，即"十二五"建筑业信息化发展纲要，目标明确要求：在"十二五"期间基本实现建筑企业信息系统的普及应用，加快建筑信息模型(BIM)、基于网络的协同工作等新技术在工程中的应用，推动信息化标准建设，促进具有自主知识产权软件的产业化，形成一批信息技术应用达到国际先进水平的建筑企业。并分别对工程总承包类、勘察设计类、施工类等各类企业提出了加强信息基础设施建设，提高企业信息系统安全水平，建立知识管理、决策支持等企业层面的信息系统，实现与企业和项目管理等信息系统的集成，提升企业决策水平和集中管控能力的具体目标要求。

通过学习，作者初步了解了建筑信息模型(BIM)到底是怎么一回事，深感这也许是建筑行业继"甩图板(用 CAD 代替手工绘图)"运动后的又一次革命。

作者在 2013 年受湖南省住房和城乡建厅的派遣，接受了注册建造师继续教育的师资培训，承担了注册建造师继续教育的培训授课任务，在建筑前沿理论方面的讲述中，主要是针对建筑信息模型(BIM)进行介绍。通过学习和授课，进一步接触了建筑前沿、建筑信息模型(BIM)等相关信息。

2015 年 6 月 16 日，住房和城乡建设部颁发了《住房城乡建设部关于印发推进建筑信息模型应用指导意见的通知》(建质函[2015]159 号)文。2016 年元旦刚过，湖南省人民政府办公厅随即发文——《湖南省人民政府办公厅关于开展建筑信息模型(BIM)应用工作的指导意见》(湘政办发[2016]7 号)，明确提出了"以信息技术为手段，以提升城乡建设水平为目标，坚持科技进步和管理创新相结合，普及和深化 BIM 技术在城乡建设领域全产业链的应用，实现从规划、设计、施工、咨询服务、运营维护、公共信息服务等数字化承载和可视化表达，发挥其节省投资、节约资源、缩短工期的综合效益，提升建设行业的核心竞争力，使信息化与城镇化深度融合发展，为智慧城市和美丽乡村建设奠定坚实基础"的指导思想，并非常具体的提出了"2018 年底前，制定 BIM 技术应用推进的政策、标准，建立基础数据库，改革建设项目监管方式，形成较为成熟的 BIM 技术应用市场。政府投资的医院、学校、文化、体育设施、保障性住房、交通设施、水利设施、标准厂房、市政设施等项目采用 BIM 技术，社会资本投资额在 6 千万元以上(或 2 万 m^2 以上)的建设项目采用 BIM 技术，设计、施工、房地产开发、咨询服务、运维管理等企业基本掌握 BIM 技术。2020 年底，建立完善的 BIM 技术的政策法规、标准体系，90% 以上的新建项目采用 BIM 技术，设计、施工、房地产开发、咨询服务、运维管理等企业全面普及 BIM 技术，应用和管理水平进入全国先进行列"的主要目标。这意味着从政策层面，对建筑全行业在应用建筑信息模型(BIM)等方面提出了具体时间进度要求。

鉴于思想上的高度认识，在湖南交通职业技术学院各级领导的大力支持下，建筑工程学院成立了建筑信息模型(BIM)工作室，并在湖南省建设人力资源协会和中国建设教育协会获得了有关 BIM 的课题立项，2015 年，通过了中国建设教育协会 BIM 应用技能教学示范(实验)基地申请，授权设立了中国建设教育协会 BIM 应用技能报名考试点，为湖南交通职业技术学院建筑工程学院开设建筑信息模型(BIM)等相关课程奠定了坚实基础。

2015 年初，作者还参加了由教育部组织的高职院校土建施工类专业骨干教师培训(哈尔滨)国培班学习，培训的主要内容就是建筑信息模型(BIM)。通过系统学习，初步掌握了 BIM 相关软件的操作。在此基础上，以"建筑工程学院建工实训基地楼"这一实际工程项目为载体，编写了任务驱动型《建筑信息模型(BIM)Revit Architecture 2016 操作指南》校本教材，先后在建筑工程技术专业开设了建筑信息模型(BIM)选修课；建筑工程技术专业(设计方向)，把该课程作为必修课纳入正常教学计划，并在 2013 级两个设计班中正常开出，教学效果良好。在教学过程中，进一步补充和完善教材内容，形成了该教材的初稿。

诚然，建筑信息模型(BIM)是一个很大的概念，是以三维数字技术为基础，集成了建筑工程项目各种相关信息的工程数据模型，是对该工程项目相关信息的详尽表达。建筑信息模型是数字技术在建筑工程中的直接应用，以解决建筑工程在软件中的描述问题，使设计人员和工程技术人员能够对各种建筑信息做出正确的应对，并为协同工作提供坚实的基础。建筑信息模型(BIM)绝不是一个两个软件、甚至一系列软件的集合所能涵盖，需要支持建筑工程全生命周期的集成管理环境，因此建筑信息模型的结构是一个包含有数据模型和行为模型的复合结构。它除了包含与几何图形及数据有关的数据模型外，还包含与管理有关的行为模型，两相结合通过关联为数据赋予意义，因而可用于模拟真实世界的行为。

作者通过学习，有了一些心得和体会，于是编写了《建筑信息模型(BIM)Revit Architecture 2016 操作指南》这样一本有关 BIM 方面的基础教材，只不过是在浩瀚的 BIM 大海边拾取了几片贝壳。为了探索这个全新的领域，还要不断的加强学习，更多的与同行交流。在本书撰写过程中，广联达软件股份有限公司湖南分公司免费为作者提供了相关软件，长沙华艺工程设计有限公司总工冒亚龙博士提供了湖南交通职业技术学院建工实训基地楼的全套图纸的电子版，湖南交通职业技术学院路桥学院汪谷香老师对本书进行了细心整理，并提出了许多宝贵意见，也得到了中南大学出版社周兴武主任、谭平副总编的细心指导和认真修订，才使本书得以顺利出版，在此一并表示感谢。

刘孟良
2016 年 3 月

图书在版编目(CIP)数据

建筑信息模型(BIM) Revit Architecture 2016 操作教程 /
刘孟良编著. —长沙: 中南大学出版社, 2016.3(2023.5 重印)
 ISBN 978-7-5487-2199-4

Ⅰ. ①建… Ⅱ. ①刘… Ⅲ. ①建筑设计—计算机辅助设计
—应用软件—教材 Ⅳ. ①TU201.4

中国版本图书馆 CIP 数据核字(2016)第 064305 号

建筑信息模型(BIM)
Revit Architecture 2016 操作教程

刘孟良 编著

□ 出 版 人	吴湘华	
□ 策划编辑	周兴武 谭 平	
□ 责任编辑	周兴武	
□ 责任印制	唐 曦	
□ 出版发行	中南大学出版社	
	社址: 长沙市麓山南路	邮编: 410083
	发行科电话: 0731-88876770	传真: 0731-88710482
□ 印　　装	长沙艺铖印刷包装有限公司	

□ 开　本	787 mm×1092 mm 1/16	□ 印张 15.25	□ 字数 381 千字
□ 版　次	2016 年 3 月第 1 版	□ 印次 2023 年 5 月第 6 次印刷
□ 书　号	ISBN 978-7-5487-2199-4	
□ 定　价	42.00 元	